Das Protein und seine Verbindungen in physiologischer und nosologischer Beziehung.

Von

Dr. H. Hoffmann.

Der medicinischen Facultät der Ludwigs-Universität Gießen zum Behuf der Erlangung der venia legendi vorgelegt.

Gießen 1842.
J. Ricker'sche Buchhandlung.

La médecine ne s'enrichit que par les faits.

BROUSSAIS.

Thesen

welche am

Samstag den 3ten September 1842

um 11 Uhr

in der kleinen Aula

öffentlich vertheidigen wird

Dr. H. Hoffmann.

1.

Die Humoralpathologie hat allein praktischen Werth.

2.

Die thierische Wärme ist stets von einer Orydation abhängig.

3.

Die Uroskopie führt zu nosologischen Resultaten.

4.

Die Untersuchung des Blutes und der Galle post mortem ist wichtiger, als alle andern Puncte der Sectionen.

5.

Die Bewegungserscheinungen werden nicht von den Nerven erzeugt, sondern nur vermittelt und geleitet.

6.

Das Athmen wird hervorgerufen und unterhalten in Folge der Reizung der Haut durch die Luft.

Seit die Arzneikunde mehr und mehr der naturwissenschaftlichen Studien sich bemächtigt hat, seit sie begriffen hat, daß sie nothwendig die gesammten Naturwissenschaften in sich vereinigen muß, daß ihr keine derselben ferner steht, als die andere, seit dieser Zeit ist ihr ganzer Gang verändert worden, sie ist auf Prinzipien gekommen und damit eine Arzneiwissenschaft geworden.

Es war eine Eigenthümlichkeit aller großen Aerzte der Vergangenheit, je nach den Mitteln der Zeit in dieser Richtung zu streben. Aber erst in diesem Jahrhundert ist in Folge größerer, leichter zugänglicher Mittel diese Richtung eine allgemeine geworden. Voran steht in unserer Zeit die mikroscopische und chemische Analyse; beide gehen innig verbunden Hand in Hand, und ihrem Bunde entkeimen täglich neue, immer werthvollere Früchte. Denn über die Analysis ist die Synthesis nicht verloren gegangen; im Gegentheil hat sich gezeigt, wie zu erwarten, daß erst auf breiter und genau bekannter Grundlage sicher ein Bau, wissenschaftlicher oder anderer Art, aufgeführt werden kann.

Dem allgemeinen Streben in dieser Richtung sich anzuschliessen, erfüllt mit frischem Eifer und froher Hoffnung; und wenn auch Manchem nur Weniges zu bringen vergönnt ist, so freut er sich auch dieses Wenigen gerne; denn er weiß, daß zu großen Werken die kleinen Gaben wie die größten nothwendig sind.

Die Seele offenbart sich in drei Richtungen; wir bezeichnen ihr Verhalten zum Stoff als Lebenskraft (ψυχη θρεπτικη Arist.); zu andern Seelen als Sympathie; zu sich selbst als Geist.

Das leibliche Leben äußert sich als ein fortgesetzter Kampf und stets wiederholter Sieg der Lebenskraft, der sterblichen Seele (Hipp.), über die äußern Kräfte, die Stoffe. Es geschieht dieß unter der Form der Metamorphose. Bei voller Integrität der Lebenskraft äußert diese sich so, daß eine Mutterzelle, entstanden durch die Einwirkung der Lebenskraft auf den organischen Stoff, das Blastem, durch Aufnahme weiteren Stoffes (durch Intussusception und sofortige Selbstzertheilung, oder durch Apposition, wie die Krystalle und ein großer Theil des lebendigen Organismus) sich vergrößert, Gestalten und Eigenschaften annimmt, welche sich zuletzt als ein bestimmtes Organ mit bestimmten Functionen darstellen, — Assimilation. Es richtet sich diese Gestaltung gewöhnlich nach der Gestalt und den Eigenschaften des Theils, welcher der neuen Zelle am nächsten liegt; eine Knochenzelle bildet aus dem Cytoblastem abermals eine Knochenzelle, während das Blutkörperchen Blutkörperchen bildet. Diese organischen Zellen, in deren materiellem Substrat ein Theil seiner chemischen und mechanischen Kräfte latent geworden ist, werden ferner durch die Lebenskraft nicht allein gestaltet, sondern auch in dieser Gestalt kürzere oder längere Zeit erhalten, bis sie sofort der organischen Natur anheimfallen, bis das materielle Substrat wieder ganz den nun frei gewordenen chemischen und anderen Kräften folgt; wir nennen dieß Stoffwechsel, der bald langsamer, bald schneller sich äußert, nach innern und äußern Umständen. Wir schließen daraus, daß bei solchen Organen, solchen Geschöpfen die Lebenskraft rascher, lebendiger wirket; das Leben zeigt sich evolutiv, ist kurz, und bedeutend. Oder der Stoffwechsel ist langsamer, wie bei perennirenden Pflanzen, bei Amphibien, bei den Knochen; wir nennen ihr Leben involutiv, und ihre Lebenskraft eine energischere, aber langsamere.

Die Lebenskraft ist nun in ihrer Function an gewisse Bedingungen geknüpft, die bei verschiedenen Geschöpfen verschieden sind. Eine gewisse Form, eine gewisse Temperatur, Zufuhr gewisser Stoffe, als ihrer sofortigen Träger, Ausleerung der bereits verbrauchten sind unbedingt nothwendig; sie ist in ihrer materiellen Aeußerung an Raum und Zeit gebunden, ist nur eines gewissen Alters fähig, und in jeder Stufe desselben verschieden sich äußernd. Ein Kalb nimmt bei völliger Nahrung die ersten 8 Tage täglich um 1,390 Kilogr. an Gewicht zu; schon nach 18 Tagen nur noch 0,960; also dort fast ein Drittheil mehr. Perault.

Die Lebenskraft kann in ihrer Wirkungsfähigkeit gestört werden, und dieß durch äußere oder in ihr selbst liegende Veranlassungen. Diese sind uns wenig bekannt, wir wissen Weniges vom Wesen der Furcht, der Hoffnung, von ihrem Einfluß auf die Secretion des Magensaftes. Die andern liegen der Beobachtung offner zu Tage, sie sind genauer erforscht worden.

Wird die Leitung des galvanischen Stromes unterbrochen, so hört seine Fähigkeit auf, die Einwirkung der Säure auf das Metall zu hemmen. Sie folgen andern Gesetzen, als den seinigen, sie verbinden sich nach chemischen Gesetzen zu einem Salz. Wird die Wirkung der Lebenskraft unterbrochen, z. B. durch Einwirkung einer höhern Wärme auf den Organismus, als normal bestimmt ist, so fällt dieser Theil andern Gesetzen anheim; es erfolgt ungehemmte Einwirkung des Sauerstoffs auf ihn, was zur Zeit der Belebtheit nicht Statt fand; Tod. Zwischen diesen zwei Extremen einer normalen und gehemmten Lebenskraft gibt es eine Anzahl von Mittelstufen, die wir Krankheiten nennen. Je nach dem Grad der Störung der Lebenskraft wird aus dem Cytoblastem ein niederes oder höheres Product gebildet; es tritt ein Knochen an die Stelle, wo sonst Knorpel war, das Gelenk wird steif; eine Eiterkugel tritt an die Stelle einer Muskelfaser, es geht ein Bewegungsorgan verloren. Insofern solche Verhältnisse der Normalität der Function, welche an gewisse materielle Bedingungen geknüpft ist, entgegen sind, werden auch die Functionen darunter leiden, und wir finden daher ferner secundäre Krankheit der Functionen, beruhend auf gestörtem Gleichgewicht der Materien. Schon Hippokrates betrachtete dieß Letztere als das Wesentlichste der meisten Krankheiten.

Die Gesetze dieser Erscheinungen aufzusuchen und zu bestimmen, die Erscheinung zu erklären ist Aufgabe der Physiologie. Sie tritt somit als Basis der Heilkunde auf, sie gewinnt damit den Rang einer der höchsten Interessen der Humanität geweihten Wissenschaft. — Den letzten Grund dieser Erscheinungen zu erklären, gehört dem Bereich der Hypothese an.

Absehend von der wenig gekannten und schwer zugänglichen Classe jener Störungen, welche auf primärer Schwächung der Lebenskraft beruhen, betrachten wir zunächst jene, welche primär von Störung des Stoffgleichgewichtes abhängig sind, die sich dann durch Störung der Function äußert. Da dem Arzt so gut wie keine Mittel zu Gebote stehen, direct auf die Lebenskraft, die Function in ihrem gestörten Zustand einzuwirken, so ist auch jene Untersuchung allein practisch wichtig, allein therapeutisch interessant.

In dem zweiten Falle gestattet uns ihr Resultat, nämlich die genaue Erkenntniß der äußern Bedingungen der Gleichgewichtsstörung in den Materien, den Grund der Störung direct zum Heilobject zu machen; der abnorm vorhandene Stoff wird unschädlich gemacht, und als undienlich gleich den Secretionsmaterien ausgeschieden. Wir heilen demnach durch gegenseitige Unterstützung mit der vis medicatrix naturae. In dem ersten Falle aber, bei primär abnormer Lebenskraft, gestattet uns solche Kenntniß wenigstens soviel, daß wir die abnormen Producte ihrer Function, wenn sie störend auf den Organismus zurückwirken, zu neutralisiren und damit die ganze Reihe der secundären, also der hier bei Weitem wichtigsten, Störungen zu verhindern vermögen. Wenn wir auch niemals erführen, was der letzte Grund einer skrophulösen Disposition, oder der Verschiedenheit der Dispositionen überhaupt ist, so ist der Zweck des Arztes völlig erreicht, wenn er die Producte dieser Disposition, z. B. übermäßige Fibrinablagrung, kennt, verhütet, und so eine Zersetzung der abgelagerten Materie völlig abschneidet. Der Disponirte wird seine Disposition sofort behalten, oder verlieren, je nach Bedingungen, die uns unbekannt geblieben sind; aber eine üble Folge derselben wird sich nicht äußern.

Der Gegenstand dieser Abhandlung ist das Verhalten jener Reihe von Stoffen, welche als die weit wichtigsten und gemeinsten das materielle Substrat des Organismus bilden helfen. Wir betrachten sie nach ihrem gegenseitigen Verhalten zu einigen äußern materiellen Bedingungen und zur Lebenskraft; nach ihrem Normalverhältniß und ihrer Gleichgewichtsstörung, nach Gesundheit und Krankheit. Es sind die Proteinverbindungen und einiges damit Verknüpfte.

Protein.

Dieß ist das leicht darstellbare, aber in der Natur nicht rein vorkommende — vgl. die Liste der Autoren Nr. (10) — Radical eine Reihe von Verbindungen, welche den größten Theil des menschlichen Körpers ausmachen. Das Protein besteht aus 48 Atomen Kohlenstoff, 12 At. Stickstoff, 72 At. Wasserstoff, und 14 At. Sauerstoff. Es ist gewöhnlich mit den Elementen des Wassers, mit Schwefel, Phosphor, Ammoniak, mit Sauerstoff, Alkalien und Salzen verbunden. — Derjenigen Proteinverbindungen, welche in den Magen eingeführt werden, sind mehrere. Es ist das Eiweiß, der geronnene Faserstoff, der Leim, der Knorpelleim, das Globulin, Casein und einige andere. Sie werden im Magen, durch eine eigenthümliche, genau erforschte Thätigkeit, welche im Thierkörper eine Hauptrolle spielt und Bewegungsmittheilung (5) oder Contactwirkung genannt wird, mehr oder weniger zerlegt, wie durch Schwefelsäure die Stärke in Zucker verwandelt wird, und der Zucker durch faulenden Leim in Weingeist und Kohlensäure. Sie kommen größtentheils, so weit es bis jetzt bekannt ist*), in der Form des Eiweißes, von dem sie wenig verschieden sind, in das Blut; sie werden alsdann zur Bildung der verschiedenen Organe verwandt, in der Jugend zum Ersatz und zur Neubildung, im Alter bloß zum Ersatz.

Es geschieht dieß unter dem Einflusse der Lebenskraft, und diese Stoffe verlieren durch diesen Einfluß einen Theil ihrer chemischen Eigenschaften; sie hören auf, durch Sauerstoff zersetzbar

*) Eine chemische Analyse des jungen Chylus fehlt. Die des Chylus aus dem ductus thor. widerspricht dieser Annahme nicht

zu sein. — Diese Zersetzbarkeit tritt nach einiger Zeit indeß wieder ein, und es entsteht dadurch das Phänomen des Stoffwechsels.

Im normalen Zustand der Ernährung wird stets für den verbrauchten Stoff neuer an derselben Stelle abgelagert; bei mangelhafter Zufuhr findet Umsetzung der Organe selbst Statt; bei überflüssiger theils abnorme Zunahme der Organe, oder ein großer Theil wird nicht assimilirt, sondern zerfällt sofort in niedere Verbindungen, welche mit den normalen Umsetzungsproducten identisch sind; oder aber er wird völlig unverändert ausgeschieden.

Es ist ein Verdienst der neueren Chemie, die Möglichkeit der Umsetzung eines Stoffes in gewisse andere für die Vorstellung nachgewiesen zu haben. Vor dieser Zeit machte man sich die sonderbarsten Gedanken über Stoffe, welche vom Körper selbst gebildet werden sollten; ich erinnere an den Phosphor.

Es ist nicht durch Beobachtung entschieden, ob die Lebenskraft bei ihren Umsetzungen genau denselben Weg verfolgt, den die Chemie angegeben hat; es genügt derselbe aber vollkommen, denn er ermöglicht klare Anschauung der Bedingungen, er verbannt Hypothesen, denen man sich um so leichter hingibt, je schädlicher sie sind.

Man kann sich (nach Liebig) die Umwandlungen des Proteins, soweit sie nicht anorganische Theile betreffen, auf folgende Weise möglich denken:

Protein	Schwefel	Phosphor	Wasser	Sauerstoff	Ammoniak	Substanz
Pr	1 S	—	—	—	—	Casein
Pr	2 S	1 P	—	—	—	Albumin
Pr	1 S	1 P	—	—	—	Fibrin
Pr	—	—	2 aq	—	—	mittlere Arterienhaut
2 Pr	—	—	2 aq	—	—	3 Allantoin 4 Wasser 1 Choloidins.
Pr	—	—	3 aq	—	—	Mucus
Pr	—	—	3 aq	1 O	—	Choleinsäure Ammoniak Harnsäure
Pr	S	—	4 aq	2 O	—	Chondrin
Pr	—	—	—	3 O	1 Amk	Keratin
—	—	—	1 aq	7 O	3 Amk	Gelatin

Bluteiweiß. Albumin.

Das Albumin bildet das erste Glied einer interessanten, noch nicht überall genau bekannten Reihe von Verbindungen des Protein mit Salzen; das Albumin ist unter ihnen am reichsten daran. Man kann das Albumin aus dieser Verbindung auf verschiedene Weise trennen, und jenachdem diese Trennung mehr oder weniger Stoffe betrifft, werden die Eigenschaften des Albumin geändert.

Wir betrachten diejenige Verbindung, welche als lösliches Albumin bekannt ist. — Das Albumin ist dergestalt in den Salzen des Blutwassers aufgelöst und mit ihnen verbunden, daß man nicht bestimmt sagen kann, welche ihm wesentlich angehören, welche nicht. Das flüssige Albumin kommt im Blut in bedeutender Menge vor, und zwar sind in 100 Theilen Blut 5 — 7 Theile Albumin enthalten. Ebenso ist das Albumin in der parenchymatösen Flüssigkeit, in der Galle, der Lymphe enthalten, und in abnormen Zuständen in verschiedenen Secretionen, im Urin, im Schweiß und Speichel.

Im Blut.

Das Albumin befindet sich im Serum des Menschenblutes als eine Verbindung von Protein mit einer gewissen Menge Salze und Alkalien, welche nicht genau bestimmt werden kann aus bemerkter Ursache. So findet man je nach dem Grad des Auswaschens oder aber nach der Darstellungsweise von 1 — 8 pCt. Asche darin. Das Wahrscheinlichste ist, daß das Blutalbumin eine Verbindung von Protein, Schwefel, Phosphor, etwa 2 pCt. phosphorsaurem Kalk und Kalk ist; diese Verbindung ist gelöst in dem Blutwasser, welches Salze von Kalk, Talk, Natron, Kali in Verbindung mit Chlor, Milchsäure und Kohlensäure enthält; vielleicht auch noch einen Theil freies Alkali. Schwefelsäure ist im Albumin nicht vorhanden, sie wird erst durch die Calcination gebildet. Ebenso verhält es sich mit einem Theil der Phosphorsäure. Dieß wird auch dadurch bestätigt, daß man bei Thieren um so mehr Phosphorsäure findet, als sie mehr Cruor (Sauerstoffträger) besitzen ([13]).

Da die kohlensauren Salze des Serums einfache oder Sesquicerbonate sind, so ist das Serum bei weitem nicht mit Kohlensäure gesättigt, sondern nimmt noch eine große Menge Kohlensäure auf, wie dieß bei dem Uebergang vom arteriellen in's venöse Blut Statt findet. Es hat diese Veränderung auf den Zustand des Albumin keinen Einfluß. Anders verhält es sich, wenn das Albuminat mit gewissen Säuren, z. B. Salzsäure, Gerbsäure, versetzt wird. Diese bilden mit dem Albumin Verbindungen, welche vom Albumin sehr verschieden sind. Alkohol entzieht das Lösungswasser und fällt dadurch das Albumin, ohne daß es sich änderte; es ist sofort durch Zusatz von mehr Wasser wieder loslich. Die Sättigung des Alkali im Lösungswasser mittelst schwacher Säuren, wie Essigsäure, Citronsäure, Milchsäure, macht ebenfalls das Albumin niederfallen, und zwar in einer dem Fibrin ähnlichen Form. Auch eine sehr große Verdünnung des Vehikels fällt das gelöste Albumin. Kochsalz, Salpeter, Salmiack bilden zwar für sich lösliche Verbindungen mit geronnenem Albumin und Fibrin; allein zum gelösten Albumin im Serum gebracht, trüben sie dasselbe; und wenn man dessen Gerinnbarkeit in der Hitze durch Zusatz von fixem Alkali hindert, so stellt ein Zusatz jener Salze diese Gerinnbarkeit wieder her; kurz die Eigenschaften ihrer Lösung des geronnenen Albumins sind verschieden von denen des Serum. Man kann ihnen daher nicht die wichtigste Rolle im Serum zuschreiben.

Da Alles Fibrin aus dem Albumin des Blutes gebildet wird (denn Fibrin als solches ist im Magen nicht gelöst vorhanden), so ist es von dem höchsten Interesse, die Bedingungen des Uebergangs des Albumin in Fibrin zu erforschen. — Unter den sehr zahlreichen Producten, welche durch die künstliche Gerinnung des Albumin auf verschiedene Weise erzeugt werden, sind einige, welche dem Fibrin sehr nahe stehen. Es spricht deren Bildungsweise dafür, daß bei jener Umwandlung eine Aenderung im anorganischen Gehalt die Hauptrolle spielt.

Das Wärmepräcipitat hat mit dem Fibrin eine ungleiche chemische Zusammensetzung; es scheint im Organismus nicht vorzukommen. Das Präcipitat, welches durch Neutralisirung des

Alkali mittelst wenig Essigsäure oder verdünnter Schwefelsäure entsteht, ist durch Neutralisirung dieser Säure nicht mehr lösbar. Es hat die größte Aehnlichkeit mit Fibrin. Nasse erwähnt, in mehreren Fällen das Serum auf Zusatz von wenig Pflanzensäure ganz coaguliren gesehn zu haben; ich habe auf Zusatz von wenig Schwefelsäure zu frischem geschlagnem Blut einigemal ein feines, höchst zerreißliches Häutchen auf der Oberfläche erscheinen sehen, welches, weggenommen, sich nach einer gewissen Zeit wieder erneuerte. Mikroskopisch und, soweit die geringe Menge es erlaubte, chemisch untersucht, schien es mit Fibrin identisch zu sein.

Wenn man annimmt, daß das Albumin im Serum vorzugsweise durch dessen Gehalt an kohlensaurem Alkali gelöst erhalten wird, so erklärt sich seine Verwandlung in Fibrin sehr einfach nach Obigem. Der Schwefel des Albumin würde beim Athmen zu Schwefelsäure verbrannt; im Fibrin, welches damit gebildet wird, findet man nur ein Atom Schwefel.

Darstellung. Am leichtesten und unversehrtesten erhält man das Albumin aus der Lösung im Serum durch Verdünnung desselben mit ziemlich viel Wasser, sofortiges Erhitzen, Filtriren der präcipitirten Flocken, Auswaschen derselben mit Alkohol und Aether zur Entfernung der Fette und einiger adhärenter Salze, und vorsichtiges Abtrocknen bei 40° Ré.

Qualität. In der Qualität des Albumin finden sich keine besondern Unterschiede, selbst nicht bei Krankheiten. Das Albumin hydropischer Flüssigkeiten dagegen ist weit ärmer an Alkalien, als das des Serum ([7]).

In der Quantität des Albumin kommen größere Schwankungen vor. Der Normalgehalt des Blutes beträgt 5 — 7 pCt. ([16]). Schwankungen ½ auf oder ab sind im Normalzustand das Höchste, was man beobachtet hat. — Die Menge des Albumin richtet sich begreiflich vorerst nach der Zufuhr an albuminhaltigen Stoffen, daher wir das Albumin beim Hungern abnehmen sehen ([4], [13]). Abgesehen hiervon steht seine Menge in genauem Verhältniß zur Menge des Wassers, welches im Blut enthalten ist; wo denn das Albumin bald relativ, bald absolut vermindert ist. Der Salzgehalt des Bluts hat keinen Einfluß auf die Menge des Albumin; denn während bei Cholera dieser bedeutend vermindert ist, zeigt sich das Albumin absolut vermehrt, — während bei der Fäule der Schafe, wo die Salze sehr vermehrt sind ([13]), das Albumin abgenommen hat. Bei Morbus Brightii aber ist eines wie das andere vermindert. Weit inniger scheint seine Beziehung zu dem Blutroth zu sein; denn jedesmal, wo dieß vermindert ist, sehen wir auch eine Abnahme des Albumin. Ich erinnere hierbei an Morbus Brightii ([9, 4, 24, 33]), Pneumonie ([4, 23]), Hungern ([9, 4]), wiederholte Blutentziehungen ([4]), an Typhus ([4, 16]) und Lungenphthise ([49, 4, 13]); während auf der andern Seite bei Cholera die große relative Vermehrung des Cruors mit derjenigen des Albumin zusammentrifft. Fragt man nach dem Grund dieser Erscheinung, so kann man kaum annehmen, daß die Menge des Blutrothes diejenige des Albumin direct bedinge; denn das Albumin ist offenbar eher im Blut, als der Cruor. Auch kann man bei keiner der genannten Krankheiten behaupten, daß der Cruor vor dem Albumin abgenommen habe. Wahrscheinlich ist die Abnahme des Albumin der Grund der Abnahme des Cruors. — Anders ist es mit dem Verhalten zu dem Fibrin. Wenn es sich bestätigt, was nach den jetzt vorliegenden Daten sehr wahrscheinlich ist, daß das Albumin stets in umgekehrtem Verhältniß zum Fibrin steht, so kann man ohne Zweifel die Bedingung der Schwankungen, welche das Albumin erfährt, in denen des Fibrin suchen, so daß es sich einfach so gestaltete: je mehr Albumin in Fibrin verwandelt wird, desto weniger bleibt übrig.

Die Bedingung der Umwandlung in Fibrin ist also auch die der Verminderung des Albumin. Und wenn hierzu das Blutroth bis zu einem gewissen Grade beiträgt, so kann vom Blutroth behauptet werden, daß es wohl nicht direct an der Vermehrung, indirect aber an der Nichtverminderung oder Verminderung Schuld hat.

Noch verdient Erwähnung das Gesetz, welches Nasse bei

Thieren nachgewiesen hat, daß die Menge der Alkalien im Serum in geradem Verhältniß zu der Menge des Fibrin im Blut steht. Wenn ein Volum Serum mit z. B. 6 Theilen Albumin eine gewisse Quantität Asche enthält, so wird es, wenn man dasselbe Serum mit nur 3 Albumin untersucht, mehr Asche enthalten als dort. Das fehlende Albumin ist in Fibrin übergegangen; da aber das Fibrin viel weniger Alkalien aufnimmt, als vorher dabei waren, so bleibt diese Menge im Blutwasser und vermehrt den bezüglichen Gehalt.

Im Urin.

Hier kommt das Albumin ebenfalls vor, und wenn auch nicht im normalen Zustand, so doch viel häufiger, als man vielfach glaubt.

Darstellung. Nachdem man den durch Prüfung mit Lackmuspapier etwa alkalisch befundenen Urin durch Zusatz von etwas Salzsäure gesäuert hat, erhitzt man; es trübt sich bald die Flüssigkeit, bei kleinen Quantitäten besonders an der Oberfläche der Lösung, und bei fortgesetztem Erhitzen fällt die ganze Menge nieder. Ein graduirtes Gläschen erleichtert die Vergleichung. Hierauf wird eine zweite Quantität desselben Urins mit Salpetersäure versetzt, so lange etwas niederfällt. Versäumt man diese Controle mit Salpetersäure, so ist man nicht sicher, kohlensauren Kalk, der sich bei der Erhitzung wie wenig Albumin trübt, in der Flüssigkeit für Albumin genommen zu haben. Alkalisch aber darf der Harn darum nicht bleiben, weil die Alkalien die Gerinnung des Albumin in der Hitze verhindern.

Vorkommen. Das Albumin zeigt sich sehr häufig, auch bei scheinbar gesunden Menschen, wenn auch nur vorübergehend([33]), im Urin; oben an stehen aber alle diejenigen Krankheiten, welche durch Störung der Hautthätigkeit, plötzliche Erkältung entstanden sind; selbst bei der bright'schen Krankheit läßt der Albumingehalt alsbald nach, wenn die Haut transpirabel wird.

Man sollte denken, daß mangelhafte Einwirkung von Sauerstoff auf das Blut die Ursache dieser Erscheinung abgäbe, indem dann das Albumin, statt in Fibrin übergeführt zu werden, sich anhäufe, und unmethamorphosirt entleert werde. Diesem widerspricht aber, daß man bei dem Morbus Brightii eine bedeutende Abnahme des Albumin im Blute bemerkt ([24], [4], [33], [9]). Zudem kommt die Albuminurie in so verschiedenen Affectionen vor, daß man diese Hypothese keinen Augenblick halten kann. Wir finden die Albuminurie vor Allem bei der bright'schen Krankheit, welcher man mit soviel Unrecht eine Enzündung als Grund unterlegt hat; ich verweise in dieser Beziehung auf Christison's und M. Solon's treffliche Untersuchungen; nie haben diese Herrn z. B. Eiter gefunden. Dazu kommt bei legitimer Nephritis die Albuminurie selten vor. Vorübergehend beobachtet man sie bei Aortitis, Endocarditis, Bronchitis duplex, Rheumatismus acutus ([33]), bei Lungenentzündungen ([10], [33], [44]); nicht selten bei Diabetes mellitus; im letzten Stadium der Lungenphthise ([10], [1]); oft bei Typhen, besonders in der letzten Zeit ([1]); ferner bei Hydropsien nach Scarlatine ([33]), überhaupt bei den meisten Hydropsien ([33]), in der zweiten Periode des intermittirenden Fiebers ([33], [44]); bei hektischem Fieber ([10]), im Desquamationsstadium der Variola und Scarlatina ([33], [10]), und fast regelmäßig bei Herzleiden, acuter wie chronischer Art ([28]). — Erinnert man sich, daß bei denselben Krankheiten, soweit die heutigen Data reichen, das Blutroth in auffallender Abnahme! begriffen ist, so begreift sich leicht, warum eine Behandlung der bright'schen Krankheit mit Aderlaß zu keinem Ziele führen kann. Locale Behandlung der Nieren ist noch nutzloser, wie die Erfahrung gezeigt hat. Wird ja doch niemals das Albumin von den Nieren in Harnstoff verwandelt!

Die Ursache aber des Albuminaustritts aus dem Serum ist, wie mir scheint, der Mangel an Salzen, wodurch das Serum leichter, undichter, zur Exosmose geeigneter wird; der bloße Herzstoß reicht hin, es auszupressen. — Gewiß ist, daß Vermehrung des Wassergehalts im Blut in keinem directen Bezug zu der Albuminurie steht.

Hydropsie. Wer den Grund des Austretens albuminöser Flüssigkeit an andern Stellen, als den erwähnten, in dem Reichthum des Bluts an Albumin suchen wollte, würde sehr irren; denn abgesehen davon, daß das Blut um so schwieriger exsudirt, als es an Albumin oder irgend einem dichten Stoff reich ist, (Poiseuille und Magendie's Versuche mit Gummi arab. u. Stärke), so ist bei Wassersucht a venaesectione bei kleinen Kindern der Eiweißgehalt des Bluts vermindert ([1], [13]), und dennoch besteht die Hydropsie. — Auch eine mangelhafte Quantität des Fibrin im Blut gibt nicht die nächste Veranlassung; denn gerade bei Aderlässen ist das Fibrin vermehrt ([4], [18]). Bei alle dem weiß man, daß die Verdünnung des Bluts der wesentlichste Grund ist, wie dieß Magendie durch Injection von Wasser bei Thieren, sogar bei Menschen! direct nachwies. Andral fand bisweilen das Blut Hydropischer ganz hell und auffallend wäßrig. — Wir finden den Grund in allen den Fällen, wo nicht mechanische Hindernisse an dem Extravasiren des Serum Schuld sind, (wie dieß nach Scarlatine in Folge der Endocarditis meistens der Fall ist ([55]); oder bei Unterdrückung einer Secretion, z. B. Menstrua) abermals in derjenigen Verdünnung des Bluts, welche in Folge einer Abnahme der Salze entsteht; äußerlich ausdrückbar als bestehend in der Abnahme des specifischen Gewichts des Blutes.

Man hat den Grund in Oxydationsstörungen finden wollen; in dieser Beziehung gilt das oben Bemerkte.

Was die hydropische Flüssigkeit selbst betrifft, so ist sie vom Blutserum wenig verschieden, Marcet. Ihre Salze zumal weichen von denen des Bluts nicht ab. Die Quantität des Albumin ist sehr verschieden, im Allgemeinen aber weit geringer! als im Serum ([7]). Man kann auf seine Menge nicht nach der Klebrigkeit der Flüssigkeit schließen, da diese nur den Grad des Gelöstseins, welcher vom Salzgehalt des Wassers abhängt, ausdrückt. Am größten ist die Menge des Albumin bei Hydropsien des Pericardium, Peritoneum, der Pleura; kleiner bei Spina bifida und Hydrocephalus. Die Menge der Salze variirt etwas; sie sind besonders Chlornatrium, phosphorsaures Natron, — Talk und — Kalk, dazu Kali und Spuren von Eisen. (Barruel, Fourcroy, Marcet, [10, 7]). Ihre Menge ist noch geringer, als die des Blutserum; ihre Reaction alkalisch.

Bringt man nun künstlich Salze in das Blut, welche krankhafter Weise fehlen, so hat man damit dem Fortschreiten der Krankheit eine Grenze gesetzt; und nach den Gesetzen der Endosmose wird das ergossene Wasser als minder dicht wieder in die Gefäße mit dichterem Inhalt zurückkehren. Es begreift sich hiernach die Wirkung der Natronsalze, der Urea u. s. w.; ihre zu seltene Anwendung ist gewiß der Hauptgrund der gewöhnlich so nutzlosen Heilversuche, trotz Scilla und Digitalis. — Daß eine Unterstützung des Luftdrucks, welcher den Wiedereintritt des Wassers in's Blut begünstigt, z. B. durch Lage, Compression 2c. höchst günstig wirken muß, ist durch bekannte Erfahrungen festgestellt; daß innere mechanische Hemmnisse auf dem bezeichneten Wege nicht beseitigt werden können, bedarf keiner Erwähnung. — Noch giebt es einige Zustände, in welchen das Albumin abnormer Weise in Flüssigkeiten vorkommt, wo es sich sonst nicht findet. So denn in den Stuhlentleerungen bei Colliquationen ([10]) in ziemlich großer Menge; im Speichel Salivirender (im Normalspeichel kommen nur selten kleine Quantitäten vor, Bird, [66, 8]); in der ganzen Länge des tractus intestinorum in der asiat. Cholera. Bei Letzterer ist es indeß nicht ausgemacht, ob man die Substanz nicht mit Boehm für Epithelialzellen halten soll. Sehr wahrscheinlich indeß besteht beides neben einander. Mit dem Wasser, welches so außerordentlich schnell die Circulationscanäle verläßt, wird stets eine gewisse Menge Albumin austreten müssen, zumal hier auch die Salze des Blutes außerordentlich abgenommen haben ([28]); man findet sie in den Darmausleerungen. Es ist sogar hierauf eine Heilmethode begründet worden, welche unter allen noch die besten Erfolge geliefert hat. Zuerst haben, wie aus Instinct, die russischen Bauern die Salzkur gebraucht; Dalmas sah sie in Bezug auf das Kochsalz in Warschau in Anwendung gebracht. Am ausgebreitetsten wurde sie versucht in Schottland, wo man Kochsalz und Natron carbonicum injicirte!, und zwar mitunter in sehr großen Mengen. Von 74 aufgegebenen Cyanotischen wurden noch 22 geheilt; in allen Fällen aber trat bald nachher eine erhöhte Wärme und Hebung des Pulses ein. Lewins. — Mit Recht sagt daher Dalmas, daß diese Methode höchst wichtig erscheine, und dringend zu Versuchen auffordere.

Anmerkung 1.

Wasser. Das Wasser spielt im thierischen Organismus eine höchst wichtige Rolle; ohne Wasser ist keine Bewegung der Moleküle denkbar, keine Zersetzung und Umwandlung der Stoffe möglich; Wasser kommt in jedem Theile des Körpers vor, und zwar in bedeutender Menge; kein einziger Theil ist frei davon. Zum Beispiel möge Folgendes dienen. Das Menschenblut enthält 76 pCt. Wasser. Frauenmilch 86 pCt. Schweiß 99 pCt. Urin 94 pCt. Speichel 99 pCt. Unter den festen Substanzen: feste Excremente 75 pCt., Haut 57 pCt. ([69]), Hirnsubstanz 80 pCt. (Vauquelin), Muskel 77 pCt. ([19]), Sehnen 50 pCt., Schienbeinknochen 46 pCt. ([15]). — Nichts ist leichter, als die Bedeutung des Wassers im Körper zu begreifen; es ist das allgemeinste Lösungsmittel vieler Substanzen; andre hält es suspendirt, wie das Fett; es vermittelt die Geschmeidigkeit der Muskeln und die Dauerhaftigkeit der Knochen.

Am wichtigsten ist unbedingt der Wassergehalt des Bluts; von ihm wird der Wassergehalt der übrigen Substanzen bedingt. Die Menge des Wassers im gesunden Blut ist nichts weniger als schwankend; selbst eine große Menge zugeführter Flüssigkeit ist nach kurzer Zeit spurlos verschwunden. Hieraus geht schon klar hervor, daß der Wassergehalt von Schweiß und Urin sich in dieser Beziehung ganz anders verhalten muß. Der Blutwassergehalt der verschiedenen Individuen ist für ihre Constitution ꝛc. ein für alle mal bestimmt, sie können daran durch Trinken nichts ab und zuthun. So haben die Frauen ein wäßrigeres Blut, als die Männer; die Jugend ebenso im Vergleich mit dem Alter; nervöse und lymphatische Individuen gegen robuste und pletorische ([16], [18], [4]) — Sehr bedeutende Schwankungen im Wassergehalt des Bluts kommen indeß in pathologischen

Zuständen vor; ihre Folge ist immer wichtig und macht sich alsbald in allen Functionen geltend. Wir finden eine Vermehrung des Wassers überall da, wo eine Abnahme der festen Bestandtheile des Bluts Statt hat; so bei Colliquationen ([13]), bei Chlorose ([13], [8], [22]), bei Icterus ([8]), Diabetes mellitus ([21], [13]), Phthisis pulmonalis ([4], [13]), bei der Schwangerschaft ([13]), nach langem Hungern ([13]) unter Voraussetzung von hinreichendem Wassergenuß, und besonders nach größeren und wiederholten Blutentleerungen. Es geht hieraus hervor, daß die Gefäße ein für alle mal eine gewisse Quantität Inhalt aufnehmen, ohne Wahl in Bezug auf dessen Qualität. — Es ist von Interesse, zu erfahren, welcher Stoff unter den festen, oder ob alle zugleich, diese Schwankung des Wassers zunächst bedingen. Wäre das Erste der Fall, so müßte man daraus schließen, daß der Verlust Eines Bluttheils mehr zur Wasserfülle und damit zur Bedingung sine qua non der Hydropsie geneigt mache, als der eines andern. Mit der directen Ursache jener Krankheit hat dieß nichts zu schaffen.

Wie wir gesehen haben, daß an dem Austreten des Wassers der Mangel an Salzen Schuld ist, so möchten wir geneigt sein, diesen Mangel auch als den Grund der Wasservermehrung innerhalb der Gefäße anzunehmen. Es widerspricht aber diese Annahme der Erfahrung. Bei Cholera z. B. ist der Salzgehalt des Bluts auf ein Minimum reducirt, und das Blut ist bei alle dem höchst wasserarm, selbst trotz allem Trinken. So ist bei der Fäule der Schafe der Salzgehalt vermehrt ([13]), und doch das Blut sehr wäßrig ([13]). — Auch der Mangel an Fibrin gibt keinen haltbaren Grund für die Vermehrung des Wassers, obwohl er scheinbar die Wäßrigkeit veranlassen kann; dieß ist indeß nicht immer identisch mit Vermehrung des Wassers; das Wasser ist hier nur leichter bemerkbar. So ist das Fibrin z. B. bei Schwangerschaft im Ueberschuß ([13], [4], [23], [57]), und dennoch ist mehr Wasser im Blut, als normal ([13]). Ganz dasselbe hat beim Hungern ([4], [13], [59]) und bei wiederholten Aderlässen Statt ([13], [4], [18]). — Es übrigen die Blutscheiben; und in der That finden wir, wie Nasse zeigte, stets ein umgekehrtes Verhältniß zwischen ihnen und dem Wassergehalt des Blutes. Zum Belege mögen dienen die Verhältnisse beim Hungern ([4], [9]), bei Lungenphthise, bei Trunksüchtigen ([38]), bei Chlorose ([13], [8], [22], [4]); auf der andern Seite bei Cholera, wo das Wasser vermindert, der Cruor aber absolut vermehrt ist ([8], [31]). Wenn indeß Nasse diese Bedeutung der Cruors auch auf das Albumin ausdehnen will, so kann ich hierin nicht mit ihm übereinstimmen; da z. B. das Frauenblut mehr Albumin ([10]) und zugleich mehr Wasser ([16], [13]) enthält, als das des Mannes.

Den Grund dieser Erscheinnng anlangend, so ist er wohl ein rein mechanischer, da eine große Menge ungelöster, suspendirter Körper — und solche sind die Blutscheiben — eine correspondirende Menge Wasser verdrängen muß; umgekehrt verstattet Freiheit von festen Körpern dem Wasser, in größrer Menge sich anzusammeln. — Es ist zwar nicht mit Bestimmtheit zu verneinen, daß die Salze auf diese Zustände Einfluß haben; gewiß aber ist, daß derselbe untergeordnet ist.

Unter welchen Umständen eine Verminderung des normalen Wassergehalts vorkomme, ergibt sich aus dem Gesagten von selbst. Uebrigens verweise ich auf die beigefügte Tabelle, der ich später eine ausführlichere folgen lassen werde.

Hierher gehört noch ein höchst interessanter Zustand, nämlich die Hyperhydrose, die Selbstbildung des Wassers im Körper. Dieser Zustand kommt auf eine auffallendere Weise vor bei Diabetes mellitus ([21]). Man muß es wohl vorzugsweise auf die Impermeabilität der Haut in diesem Zustand schieben, daß dieß Plus an Wasser im Urin sich zeigt. Martin Solon behauptet indeß, daß selbst im gesunden Zustand etwas Weniges mehr Wasser durch den Urin entleert werde, als in Getränken aufgenommen wurde. Hieran schließen sich auch J. Vogel's Bemerkungen.

Anmerkung 2.

Salze. Abgesehen von der berührten mehr mechanischen Bedeutung der Salze haben diese noch eine andere, eine rein chemische. Die Salze nämlich sind die Vermittler des Stoffwechsels. Man kann in dieser Beziehung zwei Reihen von Substanzen aufstellen. Die ersten, die Chlorsalze, (Chlorkalium, Chlornatrium, Salmiak), scheinen bloß Lösungsmittel des Albumins und Fibrin zu sein; während sie auf der andern Seite die Lösung des Hämatin verhindern; sie scheinen ferner die Verwandtschaft (die Einwirkungsfähigkeit) des Sauerstoffs und dessen Uebergewicht chemischer Seits zu erhöhen. Die zweite Reihe, bestehend aus Alkalien, mit schwachen Säuren, hilft allerdings ebenfalls lösen (sie lösen sogar beim Versuch stärker als die andern Salze); ihr Hauptnutzen ist aber wohl, direct der Metamorphose zu dienen, nämlich die sofort gebildete Milchsäure und Kohlensäure aufzunehmen. Die Kohlensäure ist sehr schwach gebunden. Dieß beweist der Umstand, daß man mit cremor tartari rein mechanisch (J. Davy) sie austreiben kann; ebenso mit Aether, oder mittelst durchgeleitetem Wasserstoff. Freie Kohlensäure scheint unter allen Umständen nicht im Blut zu sein. Daß die Kohlensäure an Alkali gebunden ist, geht daraus hervor, daß bei vorsichtiger Neutralisation mit Säure hernach vom Serum kaum mehr etwas Kohlensäure aufgenommen wird ([13]). Man findet das Serum niemals mit Kohlensäure gesättigt. — Eine Unterabtheilung dieser Alkalien bildet der Kalk; er scheint mit dem durch Oxydation aus dem Phosphor und Schwefel entstandenen Säuren Salze zu bilden, welche in die Bildung des Fibrins und zum Theil der Gewebe eingehen. — Ueberhaupt scheint keine Umwandlung der verschiedenen Substanzen Statt finden zu können, ohne daß die Salze den entschiedensten Antheil daran nehmen. — Die Kohlensäure, welche sich in der Metamorphose — auf welche Weise? ist nicht ausgemacht — bildet, wird durch die Lunge und andre Drüsen entleert; die Menge der entleerten ist völlig gleich der Menge des aufgenommenen Sauerstoffs, in Bezug auf das Volum; würde sie nicht alle ausgeschieden, so wäre eine Ueberfüllung des Bluts mit Kohlensäure die nothwendige Folge. Dieß scheint in der That in gewissen Krankheiten der Fall zu sein. Ueberhaupt scheint im arteriellen Blut nicht viel Kohlensäure mehr zu sein, da z. B. Bischof keine entwickeln konnte. Dieß deutet auf die Anwesenheit von freiem Alkali, wenigstens im arteriellen Blut. Denkt man sich im Hämatin eine Oxydationsstufe des Eisens, so reichen auch die Blutscheiben vollkommen hin, noch mehr als die normal gebildete Kohlensäure aufzunehmen (5).

Abgesehn von jener eigenthümlichen Röthe, welche viele Salze in dem Blut erzeugen, geht ihre Eigenschaft, die Sauerstoffeinwirkung auf das Blut zu erhöhen, daraus hervor, daß ein Zusatz derselben das Blut selbst unter der Luftpumpe noch arteriell zu röthen vermag, Stevens. Dieß gilt von dem kohlensauren Alkali sowohl, als von dem Kochsalz, als von dem Salpeter, vom concentrirtem (13) Glaubersalz und Kali sulphuricum. Selbst bei großen Mengen vorhandener Kohlensäure und sehr wenig Sauerstoff wird durch Zusatz von kohlensaurem Alkali dem Sauerstoff alsbald das Uebergewicht gegeben (13). Die Salze besitzen für sich diese Eigenschaft, Kohlensäure zu verjagen, nicht; wenigstens nur in ganz geringem Grade (13).

Auf der andern Seite kann diese Entwicklung von Kohlensäure nicht auf einer directen Bildung derselben beruhen; denn es müßten sich sonst die Blutscheiben alsbald schwärzen, da sie doch so leicht zersetzbar sind; dieß ist bekanntlich nicht der Fall; das arterielle Blut ist hellroth. Man kann die Kohlensäure, welche im venösen Blut an den Scheiben haftet, durchaus nicht als von diesen selbst stammend betrachten. Es muß eine Substanz geben*), welche sie vor dem Einfluß des Sauerstoffs, der mit ihnen verbunden ist, oder an ihnen haftet, zu schützen vermag. Eine Substanz muß da sein, welche diesen Einfluß, sofern er Statt fand, in dem weitern Lauf des Blutes neutralisirt, unbeschadet der Scheiben; welche in den Capillaren verloren geht, so

*) Kochsalz, so wie mehrere Neutral- und Mittelsalze können dieß kaum sein, da sie, wenn sehr verdünnt, (also wie im Blut), anders als bei obigen Versuchen wirken. Die Scheiben werden dunkler (11).

daß jetzt, beim Eintritt in das Venenblut, der Sauerstoff die Bildung von Kohlensäure zu Wege bringt. — Daß die kohlensauren Alkalien einen Theil ihrer röthenden Kraft dadurch besitzen, daß sie die gebildete Kohlensäure in sich aufnehmen und dadurch von dem Hämatin fern halten, ist nicht bestimmt zu behaupten, da man durch Alkohol ebenfalls die Kohlensäure austreibt, ohne zu röthen (13). Indeß ist es auch nicht bestimmt zu verneinen. Ihre Hauptthätigkeit in dieser Beziehung scheint die zu sein, direct die Orydirbarkeit zu erhöhen, wie dieß von den kaustischen Alkalien bekannt ist. —

Gewiß ist von allem diesem Scheinbaren nur Eins, nämlich, wie Julius Vogel sagt, daß diese Untersuchung nichts weniger, als beendigt, daß die Theorie des Athmens, welche den ganzen Proceß erleuchten soll, noch in ihrer Kindheit ist. Es ist nach dem Gesagten zu erwarten, daß Variationen im Salzgehalt des Blutes im normalen Zustand nicht zulässig sind; in der That kommen sie auch nicht vor. In Krankheiten wechselt derselbe aber sehr bedeutend, und da derselbe unbedingt nebst dem Blutroth den wichtigsten Theil des Bluts, und damit das wichtigste Moment der ganzen Pathologie abgibt, so muß man jedes Mittel ergreifen, über seine Verhältnisse, unter denen die Quantität obenan steht, sich Aufschluß zu verschaffen. Hierzu hilft einigermaßen die Beobachtung des specifischen Gewichts, welche nebst dem Reichthum des Bluts an Albumin auch den an Salzen ausdrückt. Diese Beobachtung gibt daher bestimmte Indication in Bezug auf den Blutreichthum eines Individuums. In Bezug auf den Salzgehalt ist für die Beobachtung noch ein sehr! großes Feld offen, sowohl was quantitative, als qualitative Bestimmung betrifft; denn bis hierher ist leider darüber sehr wenig bekannt geworden. Wir müssen uns daher hier aus Mangel an speciellen Nachweisungen auf einiges Allgemeine beschränken. Einiges ist bereits erwähnt worden. —

Sind die Salze des Bluts vermehrt, so zeigt sich stets eine besondere Dünnflüssigkeit des Bluts und in gleichem Verhältniß eine Unfähigkeit desselben, zu festen Organtheilen verwandelt zu werden. So bei der Fäule der Schafe ([13]), bei dem Seeskorbut ([52]). Lockerheit aller Gefäßwände ist die einfache Folge. Namentlich scheint bei Vorherrschen der kohlensauren oder kaustischen Alkalien dieser Zustand gebildet zu werden. Die Gerinnbarkeit des Fibrin ist aufgehoben, die Blutscheiben sind mehr oder weniger geändert; bei dem geringsten Anlaß findet Ausbruch oder Ausschwitzung des ganzen Bluts Statt. Daß Ausschwitzung auch der Blutscheiben, wenigstens in diesem Zustand, möglich ist, wird durch Magendie's Versuche bewiesen, welcher bei Bluteinsprützung, dem das Fibrin entzogen worden war, Blutscheiben an Orten fand, wo sie sonst nicht gesehen werden. Zudem können Scheiben unter Umständen ebenso gut aus den Gefäßen treten, als ungelöste, aber suspendirte Substanzen von schleimigen Vehikeln (nicht aber ganz flüssigen) ebenfalls mit durchgerissen werden ([10]). — Hieran schließen sich die höhern Grade von Typhus (Patechien) die werlhof'sche Krankheit u. s. f.

Weit häufiger sind die Minderungen des Salzgehalts. Abgesehn von dem bereits Erwähnten ist hier im Allgemeinen zu bemerken, daß sein Mangel unter allen Umständen den Stoffwechsel hemmt, was sich in Bezug auf die Proteinverbindungen dadurch geltend macht, daß das Blut mit einer Menge nicht weiter umwandelbarer Stoffe überladen ist, daß diese dann bei jeder Gelegenheit, sofern sie gerinnbar sind, abgelagert werden. Hierauf beruht die Skrophulosis (gegen welche das Salz ein Volksmittel geworden ist), bei welcher die Salze im Blute wesentlich abnehmen ([9]), bei welcher das Fibrin vermehrt ist ([57]). Daß die Tuberkeln hiermit identisch sind, ist bekannt; und es begreift sich hiernach, warum Exsudate hier habituell sind und nicht, wie bei voller Gesundheit, zu Organen werden, sondern, da zumal immer neue kommen, der ihrer Stoffumwandlungsmittel (Salze) beraubten Lebenskraft unüberwältigbar, in anorganische Zersetzung, oder wenigstens in niedere Organisation (Eiter) übergehen. Salzabnahme finden wir auch bei Chlorose ([9]), der Tuberkulose so oft folgt, Gendrin.

Was ihre Verminderung bei Hämorrhagien ([9]) bedeute, kann nicht in Zweifel sein; sie ist nicht Ursache, sondern Folge der Blutverlüste. Besagtes gilt von den Entzündungen, wo besonders das Kochsalz ([9]) zu fehlen scheint. Exsudate sind hier an der Ordnung. — In gleicher Weise muß die Verbrennung verseifbarer Fette gehemmt werden, wir finden sie in die Speckhaut eingeschlossen in ungewöhnlich großer Menge ([13]). So auch bei morbus Brightii ([24]) im Blut.

Fibrin. Faserstoff.

Das Fibrin kommt stets nur geronnen zur Untersuchung, obgleich es sich im Blute flüssig befindet ([11]); in diesem Zustande ist es beim Menschen noch nicht isolirt worden. Bei Fröschen hat es Müller dargestellt. Während es sich in Bezug auf Essigsäure und concentrirtes Aetzkali wie Blutalbumin verhielt, stellte es der Aether als wirkliches Fibrin geronnen dar. Das geronnene Fibrin, durch Quirlen des frischen Bluts oder Schütteln mit Schrotkörnern (dadurch erhält man weniger Blutroth dabei, und das Fibrin feiner zertheilt ([10]), dargestellt, ist stets mit etwas Fett verbunden, ein Gehalt, welcher nicht sehr über 4,9 pCt. ([20]) steigen darf im normalen Zustand; wahrscheinlich mit Gelatin und Keratin; wenigstens läßt Bouchardat's neue Untersuchung eher diese, als jede andere Vermuthung zu. Das Fibrin schließt etwa 1,3 pCt. Asche ein ([7, 47]); sie besteht aus phosphorsaurem und schwefelsaurem Kalk ([7, 8]) und etwas Eisenoxyd. — Die Verwandtschaft des Fibrin mit Albumin ist einleuchtend, wenn man erwägt, daß Fibrin, in Nitrum gelöst, bei großer Verdünnung zwar als Fibrin niederfällt; setzt man aber Aetznatron zu, so hat man das vollkommne Albumin; es gerinnt bei 78° C., und durch Alkohol. Während im venösen Blut relativ und absolut mehr Albumin ist ([10, 9]), so findet man im arteriellen Blut mehr Fibrin ([13, 36, 11, 30]). — Das Fibrin gerinnt nicht im Normalzustand im Innern der Gefäße. Erst wo der Blutstrom langsamer wird, in den Capillaren, oder bei Ohnmacht und in einigen von Stahl und Andral erwähnten Fällen, fällt das Fibrin nieder; man kann annehmen, daß in dem

Umfang der Capillaren ein Durchschwitzen von plastischer Materie Statt findet, daß die Milchsäure, welche überall in Parenchym vorkommt ([8]), das Festwerden begünstigt ([10]), und auf diese Weise die materielle Bedingung zur Gestaltung neuer Organzellen erfüllt. — Es ist bewunderungswürdig, wie einfach im Organismus der Wiederersatz bewerkstelligt wird. Bei vermehrter Bewegung und Anstrengung nimmt die Sauerstoffaufnahme zu, der Stoffwechsel ist beschleunigt, die Muskeln werden rasch consumirt. Aber dieselbe Sauerstoffaufnahme schafft zugleich auf einem andern Wege Ersatz für den Verlust; es wird Albumin in Fibrin verwandelt, und für die Muskeln in gleichem Verhältniß mehr Fibrin abgelagert. Dieß gilt natürlich nur von dem Normalverhältniß und unter Voraussetzung einer gehörigen Menge Albumin im Blut, also nicht beim Hungern. Fasten kräftigt nicht, auch in Fiebern nicht.

Ueberhaupt erleidet das Fibrin selbst im Zustand der Normalität weit größere Schwankungen, als dieß beim Albumin der Fall war, wie dieß nach Obigem zu erwarten ist. Einer der wichtigsten Gründe scheint in dieser Beziehung die Qualität und Quantität der Nahrung. Man hat nach einer reichen Mahlzeit das Fibrin oft 2 — 4fach vermehrt gesehen ([51]). Indeß ist die Nahrung allein kein hinlänglicher Grund hierfür, denn auch bei völliger Entziehung der Nahrung ist das Fibrin im Exceß. Besonders allgemein ist die Fibrinvermehrung bei Entzündungen, und das bei jeder Constitution. Besonders aber werden die anhämischen und schwächlichen Individuen leicht von Entzündung ergriffen. Man hat daraus den Schluß ziehen wollen, daß die Vermehrung des Fibrin durch ein Zerfallen des Globulin zu Wege käme. Allein man kann daraus nicht mehr schließen, als daß bei wenig Blutroth viel Fibrin vorkommen kann. Man sieht in der That nicht ein, warum wenig Globulin, unter Voraussetzung gleichen Vehikels, leichter gelöst werden soll, als viel. Dazu die verschiedene Zusammensetzung.

Da es von hohem Interesse ist, die Gründe der Vermehrung des Fibrin kennen zu lernen, so versuchen wir eine

Theorie, welche die Facten besser vereinigt. Wenn es richtig ist, was wir oben annahmen, daß der Sauerstoff der Luft die Ueberführung des Albumin in Fibrin bewerkstelligt, so liegt der Schluß sehr nahe, und es ist in der That der Erfahrung gemäß, daß die Vermehrung des Fibrin in geradem Verhältniß zur Sauerstoffaufnahme, oder aber zur Sauerstoffeinwirkung steht. Man denkt hier natürlich sogleich an eine Vermehrung der Blutscheiben; dieß ist gegen die Erfahrung. Im Gegentheil ist in allen Fällen von Fibrinexceß das Blutroth im Minus. — Man weiß, daß selbst Chlorotische, die an jenen Sauerstoffträgern so sehr arm sind, der Vermehrung des Fibrin in Entzündungen in hohem Grade fähig sind ([4]). Daß ferner bei Blutentziehungen, wo das Globulin rasch abnimmt ([4], [13]), das Fibrin sich lange Zeit hindurch fortwährend vermehrt ([18], [4]). Es ist auch alles dieß in der That begreiflich genug. Denn die Quantität des Sauerstoffs, welcher in jedem Athemzug aufgenommen wird, bleibt sich gleich. Allein wenn schon im normalen Zustand die Scheiben sie nicht ganz zu binden vermögen und daher ein Theil auf andre Stoffe sich wirft (und Fibrin bildet), so muß dieß bei einer Verminderung der Scheiben ungleich mehr der Fall sein. All der Sauerstoff, welcher von den (hier fehlenden) Scheiben sonst in die Bildung von Kohlensäure u. s. w. eingeht, wird in diesem Fall sich auf das Albumin übertragen und (durch Bildung von Schwefelsäure) Fibrin erzeugen. Es ist daher nur bestätigend, wenn wir erfahren, daß die Menge des Fibrin in Entzündungen zur Menge der Pulsschläge d. h. Athemzüge proportionell ([4]) ist. Bemerkenswerth ist ferner als eine Bestätigung von einer andern Seite das Gesetz, daß die Menge des Fibrin in umgekehrtem Verhältniß zur Menge des freien Alkali (womit wohl der Kalk des Albuminats gemeint ist) im Blute ([4]) steht. — Jeder, welcher oft den Erfolg von Aderlaß bei Entzündung beobachtet hat, wird hier eine Begründung seiner Zweifel erkennen.

Eine Verminderung des Fibrin ist weit seltener zu bemerken. Sie steht in directem Verhältniß zur Vermehrung der

Blutscheiben. Es ist wohl Folge der Sauerstoffabsorption, wenn wir auf längeren Gebrauch von Pflanzensäuren das Fibrin sich vermindern sehen.

Eine eigenthümliche Erscheinung, welche das Fibrin bietet, ist die Gerinnung. Sie kommt mitunter auch im lebenden Körper vor, z. B. bei tiefen Ohnmachten, bei Arteritis und Phlebitis (22), Gangraena senilis, gewissen Arten granulöser Nieren, Cirrhose, Apoplexia pulm. Paget. — Die Gerinnung erfolgt 3 — 7 Minuten (8), oder 10 Minuten (13, Gendrin) nach der Entlassung. Man hat zur Erklärung dieser Erscheinung die sonderbarsten Sätze aufgestellt, unter denen nur einer einige Wahrscheinlichkeit bot; es ist der Einfluß des Sauerstoffs. Nasse hat mit vieler Umsicht alle Hypothesen kritisirt, daher ich auf seine Arbeiten verweise. Wir wollen versuchen, den Einfluß des Sauerstoffs zur Evidenz zu bringen. — Nimmt man an, daß der Sauerstoff den Grund der Gerinnung abgäbe, so muß man auch annehmen, daß im Blut in Bezug auf das Nichtgerinnen ein Verhältniß Statt findet, welches die Sauerstoffeinwirkung auf das Fibrin hemmt und etwa den Sauerstoff auf andere Substanzen überträgt. In der That ist dieß nicht undenkbar. Man kann annehmen, daß jenes Plus von Sauerstoff, welcher nicht an den Scheiben haftet, stets zur Bildung von neuem Fibrin verwandt werde; so daß die Gerinnung des Fibrin im Körper, zumal sie erst außerhalb der Gefäße Statt hat, nicht vom Sauerstoff, sondern von etwas Anderem, etwa von Milchsäure (10) bewerkstelligt wird. Es würde sich dadurch erklären, warum Exsudate bei gewissen Krankheiten so schwierig gerinnen, während dieß bei Entzündungen so leicht der Fall ist; denn man kann hier eine Vermehrung der Milchsäure im Körper mit vieler Sicherheit annehmen; im Urin ist solche hier nachgewiesen worden (10). Es würde sich ferner begreifen, warum bei tiefen Ohnmachten das Blut gerinnt, da hier ein Athmen und somit eine Zerstörung der Milchsäure nicht Statt findet. Den Einfluß des Sauerstoffs nun auf die Gerinnung außerhalb des Körpers anlangend, so zeigt die Beobachtung, daß arterielles

Blut auch bei völligem Luftabschluß gerinnt, und zwar so schnell, wie sonst. Man hat dieß z. B. bei Tauben beobachtet, welche mit abgeschnittenem Kopf unter Quecksilber gebracht waren (13).

Ich fand bei Wiederholung des Magendie'schen Versuches der Auffaugung arteriellen Bluts diesen dahin zu berichtigen, daß dieß Blut ebenso gut gerinnt, als hätte man es der Luft ausgesetzt. Gewiß wäre demnach, daß wenigstens kein weiterer Zutritt von Sauerstoff aus der Luft zum entlaßnen arteriellen Blute nöthig ist, um es gerinnen zu machen. Venöses Blut, auf dieselbe Weise behandelt, fand ich nach mehreren Stunden noch ungeronnen. — Um ferner noch den Einfluß des Sauerstoffs der Luft auf Gerinnung des Bluts zu beweisen, erinnern wir daran, wie sehr die Gerinnung beschleunigt wird durch das Quirlen und Schlagen des Bluts. Ferner haben alle pulverförmigen Körper, welche bekanntlich in hohem Grade lufthaltig sind, die Eigenschaft, die Coagulation zu beschleunigen (13). In unterbundenen Venen gerinnt das Blut lange nicht, an die Luft gebracht gerinnt es dann noch sogleich. Dasselbe zeigt Schultz' Versuch, das venöse Blut luftfrei in Därmen aufzufangen. Aehnliches finden wir in den Venen mancher Leichen, deren Blut, oft noch 24 Stunden nach dem Tod, flüssig ist, an die Luft gebracht aber alsbald gerinnt. Bei gestörtem Athmen (13), bei Cyanotischen (17) ist die Gerinnung sehr verlangsamt; bei beschleunigtem Athmen, schnellem Herzschlag, beschleunigt (13); daher bei Vögeln viel schneller als bei Amphibien. So gerinnt das Blut in flachen Gefäßen weit schneller, als in engen und tiefen; so hat das Tröpfeln oder Springen des Bluts aus der Aderöffnung den größten Einfluß auf die Coagulation. — Das Wesen dieser Sauerstoffwirkung zu erkennen, ist nicht leicht, obschon von der höchsten praktischen Wichtigkeit. — Nimmt man an, daß das gebildete Fibrin des Blutes durch die kohlensauren Alkalien des Serum gelöst ist, so darf man wohl annehmen, daß in diesen eine Veränderung vorgeht. Dazu kommt, daß ein Zusatz von kohlensaurem Natron, weniger von Bicarbonat, die Gerinnung je nach dessen Menge verhindert. Der Schluß auf Bildung einer Säure, sofort eines Natronsalzes, worin Fibrin unlöslich ist, liegt nahe. Schwefelsäure kann dazu nicht führen, es muß eine organische Säure sein; — melius est sistere gradum, quam progredi per tenebras. Gaubius. —

Gerinnungszeit. Sie hängt keineswegs von der Menge des Fibrin ab. In den meisten Fällen ist die Gerinnung desto schneller, je weniger Fibrin im Blut ist, eine Verdünnung des Bluts mit ¼ — 2 Wasser beschleunigt die Gerinnung. Auf der andern Seite aber gerinnt das Fibrin auch bisweilen langsamer, wenn es im Minus ist. Auch die Menge des Wassers ist nicht das Bestimmende, obschon in den meisten Fällen die Gerinnungszeit in geradem Verhältniß zur Wassermenge steht, sowie zum specifischen Gewicht, so daß Schröder dieß für die Ursache hielt. Indeß gerinnt das Blut des Schweines, obgleich specifisch schwerer, schneller als das des Pferdes ([13]). Schweres Menschenblut gerinnt bisweilen schneller als leichter ([13]); zudem wird die Gerinnung durch Zusatz von sehr viel Wasser verlangsamt ([13]). Allein die Sauerstoffaufnahme, die Fähigkeit hierzu, scheint die Gerinnungszeit zu bestimmen. Bei vermehrtem Athmen gerinnt dasselbe schneller ([13]), so auch bei Vögeln im Vergleich mit Amphibien. Man weiß aber, daß dieß vermehrte Athmen besonders auf die anorganischen Bestandtheile einwirken muß. — Ueberhaupt scheinen die Salze den bestimmtesten Einfluß auf die Qualität des Fibrin zu haben. In der Schwangerschaft, wo das Blutroth vermindert ist, ist das Fibrin fest und derb; bei Anhämie, wo das Blutroth ebenfalls abgeht, ist es weich ([23]). Zwar hat der Wassergehalt ebenfalls einen gewissen Einfluß darauf, er ist aber nicht vorherrschend. So ist bei der Pseudofibrine ([18]), jenem mürben, zersetzbaren Fibrin, welches sich nach wiederholten Aderlässen zeigt, das Fibrin anfangs vermehrt, zuletzt vermindert; zum Beweis, daß die relative Wassermenge allein nicht jene Qualität erzeugt hat; denn das Wasser bleibt fortwährend vermehrt. So ist bei Pneumonie das Wasser vermehrt ([4]), und doch ist das Fibrin fester, als irgend sonst; beim Fötus, obgleich weniger Wasser im Blut ist ([16]), vermindert und lockerer ([13]). Bei Skrophulosis, wo das Blut sehr flüssig ist ([22]), ist Fibrin vermehrt ([57]); bei Skorbut, wo es dick und klebrig ist, vermindert ([18], [4]). Das Blutroth gibt keinen genügenden Grund für die Aenderuug der Qualität. Bald finden wir bei seiner Verminderung ein festeres Coagulum, z. B. bei Chlorosis ([9], [28]); bei Rheumatismus ([4]); bald bei ihrer Vermehrung, bei Plethora ([4], [8], [23]). Directen Einfluß müssen in der That nur die Salze haben; es wird diese Ansicht zu Evidenz gebracht, wenn wir den Skorbut, die Fäule betrachten. Leider fehlt es an Daten, das Specielle bei den verschiedenen Salzen anzugeben. Indeß scheint bei Mangel an Kochsalz die Festigkeit des Coagulums vermehrt, bei Mangel an Natronsalzen vermindert zu sein.

Ein wesentlicher Vorgang bei der Gerinnung ist die Auspressung des Serums. Sie erfolgt in einer Zeit von 6 bis 24 Stunden ([13]); und zwar richtet sich dieß nicht allein nach der Menge des Wassers, welches im Serum enthalten ist, sondern auch nach dem Gehalt an Salzen. Man kann wohl annehmen, daß der Vorgang bei dieser Erscheinung ein rein physikalischer ist, darin bestehend, daß das Serum als die durch Senkung dichter gewordene Flüssigkeit nun als solche die weniger dichten Wassertheile aus dem Coagulum herauszieht, wodurch dieß zusammensinken muß; wie beim Setzen in Spiritus oder Salzlösung.

Eine besondere Art der Gerinnung zeigt sich unter der Form des *Crusta inflammatoria*. Auf der Oberfläche des Blutkuchens erscheint hier eine helle, meist weißliche Haut; sie kommt besonders bei Entzündungen der Brustorgane vor. Der Grund der Bildung der Crusta inflammatoria, welche man künstlich durch Verlangsamung der Gerinnung mittelst Glaubersalz scheinbar nachmachen kann, ist jedenfalls ein anderer, als diese Verlangsamung, sowie auch die Identität jener künstlichen Faserhaut mit der natürlichen nicht dargethan ist. Sie kommt im Gegentheil nicht selten auch bei schneller Gerinnung vor ([13]). Der Wassergehalt des Bluts scheint einen gewissen Einfluß zu haben, da man beobachtet, daß durch Dursten die Speckhaut vergrößert, durch Trinken vor dem Aderlaß aber verkleinert wird ([58]). Zudem bemerkt man eine Abnahme des specifischen Gewichtes ([13], [3]), eine Zunahme des Wassers im faserhäutigen Blut. Da man indeß durch Zumischen von Wasser keine Faserhaut aus gesundem Blut bilden kann, so kann das Wasser jedenfalls nicht der wesentlichste Grund sein, scheint vielmehr nur eine Bedingung. Lehmann nimmt an, daß sie auf einer Vermehrung des Fibrin beruhe; daß das zuerst gerinnende Fibrin die Scheiben mit zu Boden risse, das Folgende aber, mit Fett verbunden, oben bleibe; dem widerspricht aber, daß man die Faserhaut bisweilen findet, wo Fibrin offenbar nicht vermehrt ist ([13]). — Der Grund scheint an der Qualität anderer Theile zu liegen; darauf weist auch Gendrin's Beobachtung hin, daß faserhäutiges Blut, während einer Ohnmacht gelassen, keine Faserhaut zeigt, während dieß vor- oder nachher, nachdem der Anfall vorüber ist, Statt findet. Nasse hebt in dieser Beziehung besonders die Qualität der Scheiben hervor. Sie senken sich im faserhäutigen Blut mit auffallender Raschheit; sie zeigen sich dunkler und klebriger und haben eine große Neigung, sich platt auf einander zu legen. Nimmt man an, daß sie schwerer seien, was vollkommen durch Aufnahme von möglichst vieler Kohlensäure erklärt wird, so hätte der Vorgang nichts Dunkles. Hierauf deutet schon ihre Farbe; dazu kommt ferner, daß Zuleitung von Kohlensäure ihre Bildung sehr begünstigt ([13]), daß sie besonders im venösen Blut vorkommt. — Man kann daher weiterhin annehmen, daß das faserhäutige Blut dadurch zu Stande kommt, daß weniger Kohlensäure abgeschieden, oder mehr producirt wird, als in sonstigen Fällen. Ersteres ist gegen die directe Beobachtung. Letzteres ist zur Zeit noch nicht mit der nöthigen Sicherheit zu behaupten. Gewiß ist, daß die Faserhaut viel eher einen rascheren Stoffwechsel, als eine Entzündung beweist. — Mit der Menge der Blutscheiben hängt sie nicht zusammen. Denn wir finden sie bald bei Verminderung derselben, z. B. in der Schwangerschaft ([16], [4]), bei Rheumatismus, wo sie mitunter erst nach dem zweiten und dritten Aderlaß erscheint ([3]); bald bei Vermehrung derselben, wie bei Plethora ([4], [23]); bald auch bei unveränderter Menge von Blutroth ([4]), z. B. nach längerer Dauer von Intermittens ([54]). Ohne Zweifel haben die unorganischen Substanzen einen gewissen Einfluß auf ihre Bildung, sei es nun direct oder indirect durch die qualitativ veränderten Blutscheiben. Wir finden folgende Angaben der Schriftsteller. Die Faserhaut bildet sich langsamer bei viel freiem Alkali im Blut ([50]), langsamer bei Verminderung der Salze (kohlensauren?) ([50]); auf Zumischung von Alkalisalzen setzen sich die Blutscheiben leichter ab ([6]); setzt man dagegen Kochsalz zu, so wird die Senkung der Scheiben sehr vermindert ([13]).

Bemerkenswerth ist, daß die Faserhaut stets eine merkliche Menge Fett einschließt, viel größer, als das Fibrin im normalen Zustande. — Bouchardat zerlegte die Faserhaut in Albumin und Gelatin.

Die Gerinnung des Blutes ist es zuletzt, was die Todesstarre veranlaßt, wie Bruecke genügend erwiesen hat. — Austritt von fibrinhaltigem Blut oder Serum mit sofortiger Gerinnung geschieht überall, wo Trennung des Zusammenhangs Statt gefunden hat. Es ist die nothwendige Bedingung jeder Verheilung, an der Oberfläche oder in der Tiefe des Körpers, so z. B. bei der Tenotomie. — Hierher gehören die Exsudate, welche bei Entzündungen Statt haben. Ihre chemische Zusammensetzung, ihr chemisches und physikalisches Verhalten ist identisch mit dem des geronnenen Fibrin ([8], [10]). Insofern die Entzündung durch Lähmung der Gefäßnerven eine Stockung des Blutumlaufs veranlaßt, welche J. Vogel einer vergrößerten Anziehungskraft des Parenchyms zuschreibt, und in dessen Folge einen Austritt von fibrinhaltigem Serum veranlaßt (was durchaus nicht bei jeder Hemmung des Blutlaufes Statt findet, z. B. nicht bei Unterbindung eines Gliedes), und insofern das extravasirte Blut hier sehr bald in den geronnenen Zustand übergeht, ist die Entzündung vorzugsweise geeignet, solche Exsudate zu Wege zu bringen. Zu ihrer Verhütung dient daher Alles, was die Ausschwitzung des Fibrins hindert, und was die Festwerdung des ausgeschwitzten unmöglich macht. Unter Umständen wird diese Substanz allmählig gelöst und aufgesaugt, nichts ist leichter, als sich diesen Vorgang zu erklären: oder sie wird belebt und organisirt; es bilden sich Zellenkerne aus den Partikelchen, welche man schon im flüssigen Fibrin erkennen kann, sie vereinigen sich zu größern Zellen, umgeben sich mit Zellwänden, und werden sofort zu vollkommenen Zellen, welche mit denen ihrer Nachbarschaft identisch sind. Vergl. Vogel's sorgfältige Beobachtungen. Dabei findet unter dem Einfluß der Lebenskraft eine Umsetzung der Elemente Statt, oder eine Trennung einzelner Substanzen, eine Aufnahme anderer, ein Theil wird zur Muskelfaser, ein anderer zu Bindegewebe, ein Dritter zu Blutscheiben. Die Blutscheiben, die Blutgefäße im Innern solcher Exsudate entstehen allerdings unter dem Einfluß der Lebenskraft des Mutterorganismus, unabhängig jedoch von der Nachbarschaft der Gefäße desselben. Man hat an Froschlarven besonders deutlich beobachtet, wie ohne allen Zusammenhang mit dem Rumpf Blutbildung und Blutbewegung im Schwanz Statt findet, sich weiter entwickelt und zuletzt mit dem generellen Gefäßsystem anastomisirt. Kaltenbrunner. — Das Organischwerden setzt als unumgängliche Bedingung voraus, daß die Masse oder Energie der Lebenskraft zu der Masse der zu bewältigenden Substanz in einem bestimmten, nicht zu minderndem Verhältnisse stehe. Dieß findet bei Weitem nicht immer Statt, z. B. bei fortgehender Entzündung (fortwährender Ergießung); die Folge davon ist, daß statt des Blutes niedere Producte, oder selbst völliges Absterben, zu Stande kommen. Lehmann vergleicht die verschiedenen Organisationsstufen des Blastems in dieser Beziehung sehr passend mit der verschiedenen Ausbildung von Embryonen, mit Hemmungsbildungen rc. Voran steht hier der Eiter.

Der Eiter ist eine gelbliche Flüssigkeit, welche in Serum und Kügelchen von $^1/_{100}$ bis $^1/_{300}$ ''' (6) D. M. getrennt werden kann. Das Serum besteht aus Albumin und Wasser, nebst den Salzen, welche man im Blut findet (7). Man kann den Eiter chemischer Seits betrachten als zersetzte Blutscheiben, wie Home, Hunter, Gendrin und Andre thun; dieß ist indeß gegen die Genesis ([10], [8]) *). Oder aber man betrachtet ihn als zersetztes Fibrin plus den Substanzen der Flüssigkeit, welche das Fibrin begleitet. Die Asche des Eiters zeigt vorherrschend Kochsalz, phosphorsauren Kalk und schwefelsaures Alkali ([7]). Die kohlensauren Salze bilden sich erst durch die Verbrennung der Milchsäure, welche gewöhnlich im Eiter gefunden wird ([7]), selbst im zersetzten Eiter bisweilen. Der Aschengehalt variirt einigermaßen, von 0,009 bis 0,015 ([7]); er ist eben nicht gering. Das Albumin des Eiters unterscheidet sich in der weit größten Zahl der Fälle nicht vom Albumin des Bluts ([7]). Seine Menge variirt weit weniger als man vermuthen sollte; die Wassermenge ist gleich 865 p. M. ([7]), während die des Bluts 790 p. M. beträgt ([16], [9]). An Fetten enthält der Eiter etwa 4 pCt. ([6]). (Ferner ist im Eiter oft etwas Casein ([7], [9]), wovon der käseartige Geruch zu rühren scheint, den er alsdann hat. Dann Pyin, eine von Güterbock charakterisirte Substanz, welche oft auch fehlt ([7]); mitunter Ptyalin, selbst da, wo er nicht durch den Mund entleert wird ([7]); häufig Milchsäure ([7]). Seine Reaction ist meist alkalisch, selten sauer; es rührt letzteres von Milchsäure her. Für sich wird alkalischer Eiter nicht sauer. Essigsäure kommt im Eiter nicht vor ([7]). — Am nächsten steht der Eiter dem Schleim; wie denn auch durch bloß mechanische Reizung der Schleimhäute von diesen Eiter statt Schleimkügelchen secernirt wird ([8]) —

Ursprung. Der Eiter stammt sowohl seiner chemischen Zusammensetzung ([7]), als seiner Genesis nach ([8]) von dem flüssigen Theil, dem Serum, und dem Fibrin des Bluts; diese können unter gewissen Umständen, welche die Pathologie beobachtet und festgestellt hat, und welche im Ganzen als Mißverhältniß zwischen bildender Lebenskraft und zu bewältigenden Stoffmomenten bezeichnet werden können, so modificirt werden, daß die Substanz, anstatt zu Organzellen zu werden, auf einer niederen Stufe

*) So ist z. B. das Eiterküchelchen des Lama stets ebenso rund, wie bei andern Thieren. Seine Blutkörper aber sind oval. Gulliver.

stehen bleibt und zu Eiterzellen wird. Es erleichtert die Anschauung, wenn wir uns die organische Reihe etwa in folgender Weise denken: Eiterkerne, Krebszellen, Eiterkügelchen, Mucuskügelchen, Leimzellen, Blutkügelchen, albuminöse Muskelzellen ꝛc.

Die Eiterkügelchen bestehen aus einer Schale, die bis auf ein Minus von Salzen und Alkali dem geronnenen Albumin gleichkommt (6), also einen Uebergang zu Fibrin bildet. Darin sind etwa 3 Eiterkerne enthalten, welche ihrem chemischen Verhalten nach dem venösen Fibrin völlig gleich sind (6). Darin sind ferner mehr oder weniger Kernkörperchen, Nucleoli (6), enthalten, von $^1/_{1000}$ bis $^1/_{1100}$''' Größe; dieselben Körperchen, welche man im flüssigen Plasma findet (8), und welche Remak mit Unrecht für zerfallene Blutscheiben hält. Sie sind arterielles Fibrin (6), sehr salzarm, und werden besonders deutlich durch Behandlung mit Essigsäure. — Die Entstehung des Eiters ist durch die trefflichen Untersuchungen von Gluge, Canstatt, Vogel, Lehmann und Messerschmidt und Anderen neuerlich sehr viel klarer geworden. Besonders beobachtete man den Uebergang flüssigen Exsudats in Eiterkugeln. Nachdem anfangs nur die Nucleoli zu sehen waren, erscheinen bald größere Entzündungskugeln, s. g. Gluge'sche Körper und Eiterkerne, welche gegen die sofort auftretenden Eiterkugeln mehr und mehr zurücktreten, bis diese allein zu sehen sind.

Weit schwieriger ist es, den Uebergang des festen Exsudats im Eiter zu beobachten. Nach einer verschieden langen Zeit geht, gewöhnlich von der Mitte des festen Exsudats aus, eine Art Schmelzung der Substanz vor sich; man bemerkt alsdann eine große Menge kleiner Körnchen, welche mit genannten Nucleolis identisch sind. Sie scheinen sich zu agglutiniren und mit einer Hülle zu bedecken; nach einiger Zeit findet man im Innern ganz vollkommene Eiterkugeln. — Die große Aehnlichkeit dieses Prozesses mit der berührten Blutbildung ist auffallend.

Der Eiter hat, je nach seinem Wassergehalt, eine Tendenz, ausgestoßen zu werden. Er kann für die organischen Zwecke nicht verwandt werden, und erregt in seiner Umgebung Entzündung.

In den günstigen Fällen, besonders bei dickem Eiter, wird derselbe indeß so lange ertragen, bis er in lauter kleine Partikelchen zerfällt; alles Lösbare wird ausgesaugt, und diese Körperchen selbst verschwinden zuletzt. Häufig zeigt hier ein Rest von phosphorsaurem, schwefelsaurem und kohlensaurem Kalk, als die schwerer löslichen Theilen des Eiters, die Stelle alter Eiterung. In anderen Fällen bricht der Eiter zuletzt durch, es entsteht ein Absceß ꝛc., und der Eiter wird entleert. Im Parenchym bleibt noch ein mehr oder weniger großer Theil unveränderten Fibrins zurück; dieß ist die Membrana pyogenica der Autoren. Sie wird entweder selbst noch in der Form von Eiterpfröpfen, welche nichts anderes, als Fibrinstücke sind ([72], [8], [12]), abgelöst und ausgeleert; oder aber sie wird mit Gefäßen durchzogen, deren Anordnung von denen der secernirenden Flächen überhaupt nicht verschieden ist (Liston); sie sondern fortwährend flüssiges Plasma ab, und der Fall ist dann derselbe, wie oben bei der primären Eiterbildung aus flüssigem Plasma. Je nachdem nun die Eiterung oder die Organisation sich das Gleichgewicht halten, oder das Uebergewicht bekommen, ist die Eiterung eine günstige oder eine ungünstige. Die Organisation zeigt sich unter der Form der Granulation, welche daher neben dem Eiter hergeht, aber nicht aus ihm gebildet wird. Im Falle ungünstiger Eiterung aber wird nicht nur nicht der Substanzverlust ersetzt, durch Organisation von neu abgesondertem Blastem, sondern es wird sogar das vorhandene Gewebe der Organe mehr oder weniger zerstört. Vogel vergleicht dieß passender Weise mit einem Aushungern, womit Mangel an Einfluß der Lebenskraft bezeichnet wird, nicht aber Mangel an Stoffzufuhr. Wir haben dieselbe Erscheinung bei künstlicher Trennung eines belebten Theils bis auf eine kleine Brücke, z. B. rhinoplastischen Lappen nicht selten. Lange Zeit hindurch erhalten sich inmitten des Eiters noch die Zellgewebswände; nachdem sie verschwunden sind, erkennt man noch durchziehende Nerven und Gefäße; zuletzt gehen auch diese verloren und werden entweder (bei frühzeitiger Ausleerung) mit dem Eiter entleert (z. B. rothe Leberabscesse), oder aber (bei längerem Verweilen) völlig aufgelöst und unkenntlich, Dupuytren.

Schlechter Eiter. Zur Zersetzung aller thierischen Theile, bedarf es einer gewissen Quantität Wasser, ferner des Zutritts einer gewissen Menge Sauerstoff. Sind diese Bedingungen erfüllt, so gehn dieselben in Zersetzung über. Die Produkte dieser Zersetzung sind höchst verschieden, je nach der Quantität jener Substanzen, je nach dem Einfluß einer andern bereits in Zersezzung begriffenen Substanz. Höchst verschieden sind z. B. die Produkte des Gluten. Unter gewissen Umständen tritt bei den Eiterablagrungen eine sehr schnelle Resorption des Wassers ein, der Eiter verliert sein Serum, und die Kugeln werden zu einer dicklichen krümeligen Masse; in andern Fällen ist die den Eiterheerd umkleidende Membran so dicht, daß kein Sauerstoff aus den benachbarten Arterien durchdringen kann. In beiden Fällen geht der Eiter nicht in Zersetzung über. Anders verhält es sich aber in andern Fällen, wie bei gewissen fötid werdenden innern Abscessen (Lallemand, Morgagni), bisweilen im Gehirn (Boyer), zumal bei äußern Eiterungen, wo das Serum so leicht nicht resorbirt wird, wohl deßhalb, weil es nicht von so vielen Sauggefäßen umgeben sein kann, als im Innern. Es findet hier ungehindert Zutritt von Sauerstoff Statt, und wenn der Eiter mit etwas Blut oder Muskelfleisch in Berührung kommt, — nicht aber für sich, wie mich Versuche überzeugt haben — geht er mehr oder weniger rasch in Zersetzung über. Es entwickelt sich Schwefelammonium, dessen Menge in geradem Verhältniß zur Menge der Sulphate steht. Zugleich zerfallen die Eiterkugeln, es bleiben die Nucleoli übrig. Das Ganze stellt eine flüssige Substanz dar, welche Sanies, Jauche heißt. Sie ist nicht identisch mit der Brandjauche, so nahe sie ihr steht, denn bei der Brandjauche ist guter Eiter nicht dagewesen, und wenn er da war, so spielt er der Masse nach im Vergleich mit dem übrigen organischen Detritus eine untergeordnete Rolle. Die Zersetzbarkeit des Eiters durch Blut oder Fleisch ist so auffallend, daß man durch Zusatz derselben zu frischem Eiter nach wenig Stunden schon Entwicklung von Schwefelammonium bemerkt, während derselbe Eiter, sich selbst überlassen, nach einigen Tagen noch keine Spur enthält. In gewissen Fällen enthält der Eiter an und für sich Blut beigemischt. — Man hat dieser Flüssigkeit ätzende Eigenschaften zugeschrieben und geglaubt, daß sie an dem Zerfallen der Eiterkugeln schuld sei. Abgesehen davon, daß das keine nosologische Bedeutung haben würde, da ein Eiterkügelchen nie weiter zu Organzellen gebildet wird, so ist es der directen Beobachtung entgegen. Die Eiterkugeln werden, mit dieser Flüssigkeit versetzt, nicht verändert. Der Fall ist umgekehrt. Die Jauche entsteht durch Zerfallen der Kugeln in ihrem Serum. — Einer der häufigsten üblen Zufälle in der Chirurgie ist die Eitervergiftung.

Wenn Blandin behauptet, daß selbst offenstehende Venen nur bis auf 1 Zoll über die Brustgegend noch Saugkraft haben, so ist dieß für Flüssigkeiten wohl bis zu einem gewissen Grade richtig. Offenbar ist das Hauptmovens der Resorption in kleinern Venen der Stoß des Arterienbluts. Unterbindet man die zuführenden Arterien, so hört die Saugkraft der Venen und Lymphgefäße auf; flüssiges Gift, auf die nicht blutende Wunde gebracht, wird nicht resorbirt ([13]). Offenbar kann dieß aber nur von einem gewissen Grade von Schnelligkeit gelten, da ja selbst durch die Epidermis ziemlich dichte Substanzen resorbirt werden. Wenn man sich denkt, wie die horizontale Lage eines Kranken das Weiterfließen der Jauche in offen stehenden Venen, z. B. von Knochen, begünstigen muß, abgesehen von aller Saugkraft, so fällt es einem schwer, an der Annahme der Jaucheeinsickerung etwas Dunkeles zu finden. Dazu wirkt ja der äußere Luftdruck, sobald der Canal in seiner Länge erfüllt ist, als mächtige vis a tergo, und das Saugen ist fertig. Zudem bleiben noch die Lymphgefäße, um jeden Zweifel zu heben. Viel weniger noch ist die Eiterresorption den Gesetzen der Endosmose zuwider, wie Lehmann behauptet. Denn die Jauche ist keineswegs dichter als das Blutserum.

Eine andere Frage ist, welcher Theil des schlechten Eiters resorbirt wird. Daß der Eiter der Wunde nicht als solcher den Stoff hergiebt für die metastatischen Lungen-, Leber-, Milzabscesse (acuten Tuberkeln, Blandin, Lobularhepatisation,

Engelmann), beweist der Umstand, daß seine Masse oft weit geringer ist, als die des abgelagerten ([23]). Würden zumal die Kugeln, die man im Eiter findet, durch Aufsaugung ins Blut gelangt seyn, so wäre nicht abzusehen, warum sie nicht gleichförmig mit dem Blute auf dem Wege der Circulation gemischt, warum nicht in allen Capillaren (also überall im Körper) auf gleiche Weise und in gleicher Masse abgelagert werden. Ersteres ist schwer durch Beobachtung sicher zu stellen, Letzteres ist jeder einfachsten Beobachtung entgegen. Erinnert man sich, daß bei Eitervergiftung das Blut stets auffallend flüssiger ist, als sonst, bedenkt man, daß Extravasate desselben in nachgiebige Theilen, das Zellgewebe, die Lunge, Leber, Milz, nicht ohne Rückwirkung bleiben können, so wird man nicht abgeneigt sein, mit Dance und Blandin die metastatischen Abscesse für nichts Anderes, als secundär durch den Bluterguß erregte lokale Entzündungsprodukte zu halten, erzeugt bei lokaler Phlebitis und Lymphitis.

Daß nicht immer Eiterung erfolgt, wo flüssiges Blut in Folge von Eitervergiftung im Körper ist, begreift sich, wenn man weiß, daß die Vergiftung mitunter so heftig ist, daß der Tod weit schneller erfolgt, als derartige Reaction denkbar ist. Daß die Ursache der Gefährlichkeit der Eitervergiftung nicht in einer mechanischen Behinderung des Athmens liegt, ist gewiß. Denn der Theil der Lunge, welcher unwegsam gemacht wird, ist oft äußerst gering; und wir finden bei Hepatisation, Tuberkeln und Abscessen anderer Art oft einen weit größern Verlust an Lungenzellen, ohne den Tod erfolgen zu sehen. Dazu kommt, daß der Tod auch da erfolgt, wo nur die Leber afficirt ist, besonders häufig aber bei den matastatischen Abscessen in der Haut ([23]). Injection guten Eiters wird von Thieren bis zu einem gewissen Grade ohne alle Nachwirkung ertragen. Mehr als dieß noch beweist der Versuch Boyer's, daß fauler Eiter, mit Chlor injicirt, den Hund nicht tödtet, während derselbe Eiter für sich alsbald zum Tod führt. Dasselbe hat bei Inoculation Statt. Wir wissen aber, daß Chlorlösung den Eiter nicht verkleinert, im Gegentheil die Kugeln noch dicker macht. Dieß deutet bestimmtest auf einen andern Grund, und wir finden ihn in der chemischen Beschaffenheit der Jauche. Wie gesagt, entwickelt sich unter den angegebenen Umständen aus dem Eiter eine bedeutende Menge Schwefelammonium. Wenn man bedenkt, mit welcher Begierde diese Substanz von dem Blute aufgesaugt wird, daß das arterielle Blut drei Mal sein Volumen des verwandten Schwefelwasserstoffs aufnimmt, so begreift man, daß chemischerseits der Einwirkung dieses fürchterlichen Giftes nichts entgegensteht. Selbst gasförmig dringt der Schwefelwasserstoff durch die äußere Haut, durch den Mastdarm applicirt, ein und vergiftet, Chaussier. Vergleicht man die Einwirkungen des Schwefelammoniums und des mehr beobachteten Schwefelwasserstoffs auf die Haut, so haben sie die größte Aehnlichkeit mit der Eitervergiftung. Besonders stark wirkt letzterer auf junge Thiere ([44]). Man sieht alsbald große Athemnoth mit krampfhaften Erscheinungen, Schüttelfrost uud die auffallendste Kraftabnahme. Es folgt Opisthotonus und Tod. Todesstarre wird hier nicht gefunden, wenigstens in geringerem Grade; Fäulniß tritt alsbald stark ein. Man findet das Blut flüssig, auch klebrig ([26]), schwarz; nur wenig schwarzes Coagulum bildend. Lunge, Leber, Milz voll Extravasate. In Höhlen bedeutendes Extravasat von röthlichbraunem Serum. Auffallend ist auch die Wirkung auf die Muskeln. Sie verlieren ihre Contractionsfähigkeit, sind mürbe und entfärbt. (Auch bei Schwefelbädern hat man eine merkbare Schwächung der Muskeln gefunden. Neumann). Eiterung hat man nicht gefunden, vielleicht, weil der Tod zu rasch erfolgt. Versuche mit kleinen Dosen, oft wiederholt, hat man nicht hinlänglich gemacht. Die Aehnlichkeit mit der Eitervergiftung ist frappant. Hier soll nur Erwähnung finden, daß Jauche, zu frischen Blutscheiben gebracht, diese alsbald zerstört. Die rothe Farbe verschwindet völlig, die Scheiben sind zerrissen und in eine große Menge kleiner Körnchen verwandelt ([12]). Zu frischem Blut in hinlänglicher Menge gebracht, gerinnt dieß nicht ([22]); in kleinerer Quantität macht es den Kuchen zerreiblich, Barret. — Werden nun kleine Quantitäten Eiter aufgesaugt, so stellen sich Erscheinungen dar, welche wir unter dem Namen des hektischen Fiebers zusammenfassen; wie dieß vor lange schon Orfila vermuthete.

Es ist eine alte Ansicht, daß sich die Tuberkeln von dem gewöhnlichen entzündlichen Exsudat nicht unterscheiden, daß sie auf einer lenten Entzündung beruhen. Wir betrachten die abgelagerten Tuberkeln. — Die Tuberkeln zeigen sich bald als isolirte, größere (selbst bis 2 Cubikzoll) formlose Massen, welche besonders bei Neugebornen in der Lungenbasis vorkommen, Devergie. Sie sind structurlos und zeigen nur ein körniges (Cerutti) oder punctirtes (Canstatt) Ansehen, durchaus nicht verschieden von dem Fibrin des Bluts. Oder sie zeigen sich als kleine, s. g. Miliartuberkeln, welche in mehr oder minder großer Häufigkeit durch das Parenchym verbreitet sind. Am interessantesten sind die Tuberkeln der Lunge. Zuerst sieht man ein kleines coagulirtes Körnchen, ohne gelben Punct([17]), von rothgelber Farbe, Dalmazonne; es ist in der Lungenzelle abgelagert([17]). Nach einiger Zeit entwickelt sich in dessen Mitte ein gelber Fleck([17]), Rochoux), die s. g. gelbe Infiltration von Laennec darstellend; der Tuberkel beginnt zu erweichen. Wenn die Erweichung nicht frühzeitig Statt findet, so wächst der Tuberkel, und zwar durch Apposition von außen (Canstatt, [18], [22], [12]); von Intussusception und parasitischer Individualität ist nirgends eine Spur ([22] rc.). (Kulm läßt den Tuberkel aus glasigen Filamenten entstehen. Er hält die Tuberkeln für abgestorbene Akephalokysten. Auch Carmichael hielt sie vor noch nicht langer Zeit für (lebende) Entozoen. — Dieselbe Art der Erweichung findet man bei den kleinen wie bei den großen. Man sieht, wie diese Organisation dem Wesen nach nicht, nur dem Product nach verschieden ist von der Gefäßbildung im Innern von Blastem, wie oben berührt wurde; wie wir bei ungestörten Krebsgeschwülsten die Gefäßbildung von der Mitte aus entstehen, und die Abscеßerweichung gerade so zu Stande kommen sehen. Ein erweichter Tuberkel ist in der That nichts anders, als ein Absceß. Man hat in Bezug auf den Lungentuberkel Zweifel gehabt über den Sitz desselben. Cruveilhier läßt ihn in den Capillaren sitzen; Andral, Guillot und Andere auf den Schleimhautwänden der Luftzellen; Baron in dieser Schleimhaut selbst. Die Ansichten der Andern weichen zu sehr von der Realität ab, um aufbewahrt zu werden. Gewiß ist, daß beim Zustand der Rohheit des Tuberkels das organisirte Gewebe der Lunge nicht verändert ist. — Im Falle der Tuberkel organisirt wird, bilden sich in seinem Innern Gefäße ([17], Guillot); diese communiciren späterhin mit den Gefäßen des Mutterkörpers, und zwar mit den arteriellen!, mit den Arteriae bronchicae, thoracicae, 'mediastinicae. Ihre Venen gehen wohl in die Venae pulmonales, Guillot, oder in die Bronchialvenen, Baron. — Im andern Fall entwickelt sich statt des Blutkörperchens ein Eiterkügelchen, nach einer verschieden langen und wenig bestimmten Zeit des Bestehens des Blastems; Erweichung. Sie beginnt von der Mitte aus, Andral, Lombard, Broussais, Bouillaud schreiben dieß einer eigenthümlichen Entzündung zu. Aeußere Eiterung geht zunächst nicht vom Tuberkel selbst aus *). — Zuletzt wird das Parenchym des Organs auf gleiche Weise zerstört, wie bei jeder andern Verschwärung. — Der letzte Effect der sich gestaltenden Reaction ist, daß der vereiternde Tuberkel die Umgebung in Entzündung und Suppuration versetzt; es erfolgt Durchbrechen und Ausstoßung des erweichten Tuberkels; in unserm Fall als Sputum, in welchem man neben dem Eiterkügelchen noch Fetzen von unvereiterten Tuberkeln findet (Gluge). Nach der Entleerung des Eiters fährt die Eitermembran der Caverne fort, Eiter zu bilden aus ergoßnem flüssigem Blastem, wie wir oben bei Absceß näher betrachtet haben. Dieser Eiter ist völlig identisch mit dem zerfloßnen Tuberkel. — Noch giebt es einen Ausgang der Tuberkeln, ganz dem gleich, den man oft bei Fibrinexsudat findet. Die organische Substanz wird nach langer Zeit aufgelöst und aufgesaugt, und es bleibt nur ein Theil besonders der phosphorsauren und kohlensauren Kalkerde übrig. Man

---

*) Sie ist weit seltener als die innere, und kommt an Orten, wo kein Druck Statt findet, z. B. in den Mesenterialdrüsen, nicht vor. Fabre.

nennt dieß eine Ossification. Parenchym ist indeß darin nicht; wenig und nur unorganisirte animalische Substanz bildet das Bindemittel. Man findet Parzellen dieser anorganischen Concretion auch zuweilen neben dem Eiter der erweichten Tuberkeln (22), zum Beweis, daß Resolution und Verschwärung wie bei andern Abscessen neben einander gehn können. Jene Art der Heilung durch Verknöcherung findet sich besonders da, wo kein neuer Entzündungsreiz Statt findet, daher sehr häufig bei den Mesenterialtuberkeln der Kinder, Portal. Diese sind zugleich nebst Lungen- und Darmcanaltuberkeln die häufigsten, Louis u. Lombard. — Chemischerseits zeigt der Tuberkel im Zustand der Crudität vom Fibrin keine Verschiedenheit (10). Jene anorganischen Reste sind identisch mit denen des Fibrin. Da die Ossification oft zu 96 pCt. aus Salzen besteht, so läßt dieß auf das frühere Vorhandensein eines sehr bedeutenden Exsudats schließen, da das Fibrin normal nur 1,3 pCt. (ungewaschen 6 pCt.) Asche enthält. — Der Tuberkel besteht nach neuen Untersuchungen (nicht ausgelaugt) aus Kochsalz, schwefelsaurem, phosphorsaurem und kohlensaurem Kalk, dazu Spuren von Eisen, zusammen 1,85 pCt.; thierische Substanz 98 pCt. — Was den Eiter des erweichten Tuberkels anbelangt, so ist auch er nicht chemisch von dem aus Abscessen zu unterscheiden.

Blutroth.

Um die Quantität des Blutrothes zu bestimmen, wägt man das wohl ausgewaschene und getrocknete Fibrin eines gewissen Bluts, welches man durch Schlagen getrennt hat. Von einer zweiten Quantität Blut, welches ruhig geronnen ist, trennt man das Serum und berechnet seinen Gehalt an fester Substanz, also Albumin und Salzen, nach dem Austrocknen. Der Blutkuchen hiervon wird ebenfalls getrocknet, nachdem man ihn naß gewogen hat. Man wägt nach dem Austrocknen wieder, berechnet nach dem Wasserverlust den proportionalen Albumin- und Salzgehalt, welchen der Kuchen einschließt; man zieht das Gewicht des (früher erforschten) Fibrins ab, und man erhält so das Gewicht der trocknen Blutscheiben. — Man hat das Blutroth in zwei Theile getrennt, das Globulin ([16]), Blutcasein ([9]), Albumin ([19]); und den Farbstoff, das Hämatin ([19]), das Hämatosin ([16]). — Sich stützend auf Ascherson's Experiment, hat man behauptet, das Globulin bilde sich durch Niederschlagung eines Theils Albumin um das phosphorhaltige Fettkügelchen in Chylus. Das Globulin aber ist nicht mit Albumin identisch, es enthält keinen Pposphor. Remak stellt die Ansicht auf, daß die Blutscheiben durch Zertheilung sich vermehren, und zwar aus den s. g. Lymphkörperchen. Es ist wahrscheinlicher, daß das Globulin in den Sauerstoff führenden Mesenterialdrüsen gebildet wird; vielleicht zunächst durch Verändrung des anorganischen Gehalts, aus dem Albumin des Chylus. — Man findet, daß die Menge des Globulin in geradem Verhältniß steht zur Häufigkeit und Energie des Athmens ([53], [13]). Indeß hat ohne Zweifel der Gehalt des Bluts an phosphorhaltigem Fett einen sehr wichtigen Einfluß auf seine Menge; je mehr dieses Fettes, desto mehr Globulin ([13]). — Im Globulin finden sich phosphorsaurer Kalk, dann noch Kalk und Alkali in unbestimmtem Zustand. Daß das Globulin mit Casein identisch sei, hat Simon besonders hervorgehoben; es hat diese Meinung aber Mancherlei gegen sich, daher man es zur Zeit noch trennen muß (vgl. Mulder und Lehmann). Einige haben es für Fibrin erklärt ([13]), Andere für Albumin, verbunden mit Farbstoff. — Das Globulin kommt im Blut gelöst vor, es bildet von der Hülle der Blutscheiben 98 pCt. ([16]); dann auch in der Krystalllinse. Da das Globulin mit Milchsäure eine weiße, unlösliche Verbindung bildet, so erklärt sich damit die Genesis des rheumatischen und arthritischen Staars. In der Linse befindet sich die Lösung in feinen Zellen. Bemerkenswerth ist, daß Chevenix und Wintringham nachgewiesen haben, daß der Kern derselben weit dichter ist, als die Schale. Zum Humor aqueus aber verhält sich die Dichtigkeit der Linse wie 10791 zu 10053. — Es scheint, daß es der Salzgehalt, besonders das Kochsalz ist, was mit dem Albumin die Verflüssigung des Globulin hindert. Eine dieser Substanzen allein hindert die Auflösung nicht ([13]). In der That wird durch Verdünnung des Bluts mit Wasser alsbald eine Auflösung zu Stande gebracht, welche durch Kochsalzzusatz verhütet werden kann. Auch findet man in allen pathologischen Zuständen einen directen Gegensatz zwischen der Wassermenge und jener des Globulins. Da das specifische Gewicht die Wassermenge vor Allem bestimmt ausdrückt, so erhält man dadurch eine bestimmte Ansicht von der Quantität der Blutscheiben eines gewissen Bluts. — Das Globulin ist in Krankheiten ein leider auffallend vernachlässigter, aber höchst wichtiger Theil des Bluts. Seine Menge schon spricht hierfür, er ist zu 11 bis 13 pCt. im Blut! (10). — Der Kern der Scheiben besteht größtentheils aus Fett; bei denjenigen Thieren, welche elliptische Blutkörper haben, sogar ganz (13, 14). — Mit dem Globulin ist der Farbstoff in Verbindung, oder vielmehr in ihm gelöst. Er enthält unter allen Umständen Eisen und etwas kohlensaures Natron. Er ist der Träger des Sauerstoffs, soweit dieser nicht zur Organbildung verwandt wird, sondern die Secretionsproducte vermittelt; die Scheiben sind nicht im Stande, allen Sauerstoff der Lunge aufzunehmen, sondern fassen von den 12 Gran, welche in einer Minute aufgenommen werden, nur 6,40 Gran (5); vorausgesetzt, daß sie hier als Eisenoxydul erscheinen. Die specielle Qualität derselben steht indeß nicht hinlänglich fest. — Ein Zersetzungsproduct dieses Stoffes ist das Hämaphäin (9), der braune Farbstoff des Blutes, der mit dem gelben Farbstoff von Sanson identisch ist (9). Er giebt dem Urin seine helle Farbe (9). — Ueber die Bildung des Hämatin ist wenig bekannt. Hewson vermuthete, es würde in der Milz gebildet. Allein bei der Exstirpation der Milz bleibt das Blut in gleicher Weise roth. Wahrscheinlich nimmt das phosphorhaltige Fett das Hämatin schon im Chylus in sich auf. Was das Eisen betrifft, so ist in fast allen Nahrungsstoffen dasselbe enthalten; zumal in den Pflanzen (14); es wird vom Blute leicht gelöst. Seine Menge hat auf die Menge der Blutscheiben einen höchst bedeutenden Einfluß, wie man direct nachgewiesen hat (4). — Pathologisch und physiologisch haben vorzugsweise die Blutkörper in ihrer Integrität Interesse. Auch sind selbst die chemischen Einflüsse zum Theil verschieden, je nachdem man einzelne Stoffe im Blutkörper, oder getrennt davon behandelt. — In der Menge der Blutscheiben zeigt sich eine bedeutende Schwankung je nach verschiedenen Zuständen. Sie richtet sich, wie bemerkt, sehr genau nach dem Verdünnungsgrad des Bluts, nach dem Wassergehalt, sie ist nur ein andrer Ausdruck dafür. Hünefeld schreibt ihrer Vermehrung die Vermehrung des Fibrin zu, allein gewiß mit Unrecht, da man sieht, wie in pathologischen Zuständen selbst bei vermindertem Blutroth, z. B. in der Schwangerschaft ([4], [16]), die Fibrinmenge vermehrt ist ([13], [23], [4]). — Die Menge des Blutroths schwankt im Ganzen von 21 bis 185 auf Tausend ([4]). — Da man die Bildungsgeschichte der Blutscheibchen nicht kennt, so läßt sich nicht mit Bestimmtheit sagen, unter welchen Umständen das Blutroth zunimmt. Daß der Gehalt an Albumin nicht Schuld ist an seiner Minderung, zeigt die Chlorose, wo der Albumingehalt normal ([4]), der Bluthrothgehalt aber außerordentlich vermindert ist ([4], [8]). Vermindert finden sich die Scheiben stets, wo Wasser und Salzgehalt des Blutes zunehmen; z. B. bei Pneumonie, Morbus Brigthii, Chlorose. Ob in diesen Fällen die Scheiben bloß gelöst sind, wie nach dem oben Gesagten fast zu vermuthen wäre, oder ob sie überhaupt fehlen, weil ihre Bildung gehemmt ist, scheint nicht für alle Fälle gleich. Offenbar liegt dem Blutrothverlust bei Chlorose eine andere Ursache zu Grund, als bei Aderlaß. — Die Qualität des Blutroths hat ein hohes Interesse. Eine genauere Bekanntschaft mit ihr würde uns in den Stand setzen, den wahren Grund vieler dunkler Krankheiten zu erkennen. Vorzugsweise wichtig ist in dieser Beziehung, daß ein Mangel gewisser Salze, wie er überhaupt die Oxydation der organischen Substanz erschwert, so hier die Röthung der Körperchen verhindert. Bei andern Salzen ist dieß nicht der Fall. So ist bei Chlorose das Blut hell. Die Wichtigkeit der Blutscheiben ist einleuchtend, wenn man sich erinnert, wie sie ganz eigentlich die Vermittler der Secretion der Kohlensäure, ja wahrscheinlich auch der Stickstoffsecretionen sind. Jede geringe Aenderung ihrer chemischen Qualität muß ihre Fähigkeit Sauerstoff zu führen und abzugeben, ihre Verwandschaft zur Kohlensäure ändern.

Nach der entwickelten Theorie muß der Einfluß mangelnden Blutroths zur Vermehrung des Fibrin führen. Die Erfahrung bestätigt dieß. Ich erinnere an Chlorose und die so oft folgenden Tuberkeln. Bei Tuberkulösen findet man eine auffallende Verminderung des Blutroths ([4], [49], [9]).

Casein.

Das Casein unterscheidet sich vom Albumin und Fibrin durch seinen Mangel an Phosphor. Die Lösung des Casein überzieht sich in der Hitze mit einer Haut. Dieß ist indeß kein diagnostisches Kennzeichen, da dasselbe bei dem verdünnten Blutserum der Fall ist. Es wird durch Essigsäure und Milchsäure gefällt, im Ueberschuß wieder gelöst. Jene Gerinnung durch Essigsäure kommt übrigens auch mitunter dem Blutserum zu, besonders bei Hämmeln, wahrscheinlich in Folge gelösten Globulins. Sein anorganischer Gehalt weicht nach der Verschiedenheit der Darstellung ab. Er besteht besonders aus Kalk, verbunden mit Phosphorsäure und Kohlensäure (Milchsäure). Bei weniger sorgfältigem Auswaschen kommt hierzu stets eine gewisse Menge Eisen. Dazu fand Simon Talkspuren, Salzsäure und Schwefelsäure. v. Bibra fand noch Thonerdespuren, Kochsalz und Kieselsäure. Diese Substanzen sind indeß für die Bildung der Milch zum Theil so wichtig, daß ohne reichlichen Genuß von Alkali ihre Bildung undenkbar ist ([5]). Die normale Milch reagirt in Folge des Serumgehalts gewöhnlich alkalisch. Indeß finden hierin große Abweichungen Statt, welche sich nach der Art der Nahrung zu richten scheinen. — Das Casein kommt bekanntlich in größter Menge in der Milch vor. In der Menschenmilch beträgt es 3,5 pCt. Man kann in einem graduirten Gläschen durch Präcipitation mit Essigsäure leicht die relative Menge des Casein in der Milch erfahren, und von da auf den Reichthum und die Nahrhaftigkeit derselben schließen. Das Casein ist in der Milch gelöst, oder in höchst fein zertheiltem Zustand suspendirt. Man kann es daher von der Butter durch Filtriren leicht trennen. Die

Hüllen der Butterkügelchen werden nach Donné, Raspail, Simon und Henle aus Casein gebildet. Vogel fand dieß nicht bestätigt. Auch im Eiter, Tuberkel, Speichel kommen Substanzen vor, die man mit Casein für identisch hält. — Die Bedingungen der Caseinbildung sind unbekannt. Im Anfange des Säugens wird ein Stoff abgesondert, welcher weit reicher an Casein ist, als Milch, nämlich bei der Frau 4 pCt. Casein enthält. Es ist dieß das Colostrum. Bisweilen erscheint das Colostrum auch später wieder, nachdem schon lange gute Milch geliefert worden; während es in andern Fällen oft ausnehmend rasch nach der Geburt verschwindet ([3]). Es äußert das Wiedererscheinen und längere Ausdauern des Colostrums auf das Kind stets den Einfluß, daß es Diarrhöe und dgl. bekommt ([3]). Besonders sind Fieber geeignet, das Auftreten von Colostrum zu begünstigen. An der äußern Beschaffenheit der Milch ist die Gegenwart des Colostrums nicht zu entdecken. Leicht aber unter dem Mikroskop, indem sich hier Stoffe in Form granulirter gelblicher Anhäufungen ([3]) zeigen. Man hält diese für Fett. — Wie das Colostrum mehr Casein enthält, so enthält es auch überhaupt mehr feste Bestandtheile, als die Milch. Seine Zusammensetzung ist verglichen mit der der Milch folgende:

Colostrum.		Milch.		
82,80	—	88,06	pCt.	Wasser.
4,00	—	3,70	„	Casein.
7,00	—	4,54	„	Zucker.
5,00	—	3,40	„	Butter. Simon.

Der Einfluß der Nahrung auf die Bildung von Casein ist nicht merklich; Fleischnahrung vermehrt dasselbe nicht. (?) Donné stellte den Satz auf, daß man vom Gehalt an Butter auf den Gehalt an Casein in der Milch schließen könne. Dieß ist indeß unrichtig ([8]), da, wie Simon nachwies, das Fett ohne das Casein zunehmen kann. Schon der Umstand, daß bei Eseln das Casein sehr reichlich, der Fettgehalt aber nur zu $\frac{1}{100}$ vorkommt, beweist das Irrige dieser Ansicht. — Sehr merklich ist der Einfluß der Nahrung auf den Buttergehalt ([9]), welcher normal bei der Frau 3 pCt. beträgt. — Eine Frage, welche Lehmann mit Recht aufstellt, ist die, woher das Kind den Phosphor bekomme, welcher zur Bildung von Albumin und Fibrin nöthig ist; da man im Körper keinen Desoxydationsapparat für die Phosphorsäure der Knochenerde kennt. — Wie nahe das Albumin dem Casein steht, geht daraus hervor, daß man unter Umständen, welche genauer zu bestimmen übrig ist, in der Milch das gewöhnliche Albumin suspendirt findet (2). Ferner hat Donné nachgewiesen, daß man Milch bis zu einem sehr bedeutenden Quantum in die Adern von Thieren sprützen kann, ohne die Functionen zu stören; dabei sollen sehr bald die Spuren der Milch in den Gefäßen verschwinden. Bemerkt werden muß, daß man aus Albumin mit Kalilauge, dann auch aus Fibrin mit flüssigem Salpeter Casein dargestellt haben will. — Eine besonders interessante Erscheinung ist die Coagulation des Casein. Man hat die Behauptung aufgestellt, daß die Gerinnung durch Berührung mit Laab und Milchzucker auf der Bildung von Milchsäure beruhe; Pelouze und Fremy. Allein die Caseinlösung gerinnt bei Zusatz von Magenschleimhaut und Milchsäure, direct applicirt, bei weitem nicht so schnell, als die Milch bei Berührung mit Laab (10). Dazu kommt, daß das Laab die Menschenmilch nur schwierig gerinnen macht, wie dasselbe umgekehrt von der menschlichen Magenschleimhaut in Bezug auf Kuhmilch gilt (10, 9). Es ist denkbar, daß der Grund dieser Differenz darin liegt, daß das Casein der Frau einen von dem der Kuh verschiedenen Aschengehalt hat, da dann die Säure bei der Verschiedenheit ihrer Stärke nicht auf gleiche Weise sie binden kann. Es läßt sich darüber nicht bestimmt entscheiden, weil der Aschengehalt nach den bisherigen Angaben nicht bestimmt ist. — Die Coagulation des Milchcaseins, vom Organismus getrennt, geschieht ohne Zweifel durch Bildung von Milchsäure, in welcher, wenigstens bei diesem Concentrationspunct, keine Lösung des Casein möglich ist. Was der Grund dieser Säurebildung ist, leuchtet nicht völlig ein. Donné nimmt an, daß durch die Säurung der Butter auf der Oberfläche eine Zersetzung des Milchzuckers veranlaßt wird, er vergleicht den

Proceß mit Gährung und Gährungspilzen. An der Oberfläche der Butter bemerkt man Vegetationen(3), was ihn in der Ansicht bestärkt. Es ist indeß sehr wahrscheinlich, daß die Butter nicht die Veranlassung zur Gerinnung gibt; denn diese findet ebenso schnell Statt in der abfiltrirten, fast butterfreien und wasserhellen Milch. Man darf eher annehmen, daß die Säurebildung Folge einer beginnenden Zersetzung des Casein ist, was den Proceß mit der Zersetzung durch Laab identificirt. — Man hat die Milch außer in der Secretion der Brüste auch in andern Flüssigkeiten erkennen wollen; so in der Metroperitonitis septica, in den Lochien, und besonders im weißen Serum. Es ist für solche Annahme kein Grund vorhanden. L. Gmelin fand das Casein im Blut; es ist dieß zur Zeit noch ein Streitpunct. Golding Bird behauptet, im Urin aller Schwangern eine Substanz gefunden zu haben, welche dem Casein sehr nahe komme, besonders reich an phosphorsauren Salzen. Hünefeld fand es im Blut bei Säugenden, welche an Retention der Milch litten. —

Leim.

Von den Leimarten sind die bis jetzt bestimmten Chondrin, und Gelatin. Nahe daran schließt sich Keratin. Was den Ursprung und die Metamorphose des Chondrins betrifft, so ist dieß wenig bekannt. Das Keratin scheint schon fertig gebildet im Blute vorzukommen, was bei dem Chondrin, so weit man weiß, nicht der Fall ist. Lehmann wies im Faserstoffgerinsel des Bluts, sowie in den Nucleolis des Eiters einen Stoff nach, welcher mit dem Keratin wohl identisch ist. Nasse hält es für ein Product des Fibrin, und macht darauf aufmerksam, daß fibrinarme Constitutionen sehr sparsame Keratinbildung zeigen. Nach Liebig läßt es sich betrachten als eine Oxydationsstufe des Proteins, mit Ammoniak verbunden. Bouchardat fand das Keratin in der Crusta pleuritica und nannte es Epidermose. Es bildet den Grundstoff der Haare, der Nägel, Schuppen, Klauen, Federn. Man sieht, daß es ein sehr bedeutender Stoff, daß seine Menge groß sein muß, um den jährlichen Federwechsel eines Vogels zu ermöglichen. Auch die stets vergehende Epidermis wird aus ihm gebildet, und es ist wahrscheinlich, daß die größte Zahl der reinen Hautkrankheiten nur in mangelhafter Bildung und Umsetzung dieses Stoffes besteht. Dieß gilt namentlich vom Herpes. Biett hält den Herpes für eine Entzündung des Eichhorn'schen Netzes, welches die Epidermis secernirt. Diese Ansicht würde durch jene ihre Deutung erhalten.

Wenn wir annehmen, daß die Blutkrankheiten auf einem gestörten Gleichgewichte der verschiedenen Stoffe beruhen, so ist es nicht unwahrscheinlich, daß eine jede Hauptform an einen gewissen Stoff gebunden ist; daß so auch nach der jedesmaligen Qualität dieses Stoffes die Krankheit selbst sich einigermaßen verschieden verhält. Dieß möchte namentlich von den verschiedenen Hautkrankheiten gelten. Vielleicht wird man auf diesem Wege den Unterschied zwischen Syphilis und Lichen nachweisen können; die eine scheint im Gelatin, die andere Krankheit im Keratin zu wurzeln. — Da wir die Bedingungen der Keratinbildung nicht genügend kennen, so begreift sich unsre Armuth an theoretischen Mitteln, diese Bildung zu begünstigen. Noch weit schlimmer steht es mit den empirischen. Daß die Chinesen den Haaren durch bestimmte Nahrungsweisen bestimmte Farben beizubringen wissen, ist jedoch in dieser Beziehung bemerkenswerth.

Gelatin. (Knochenleim, Collagen(15), Colla, Glutin). Der Leim hat eine wohl noch größere Bedeutung, als die genannten Stoffe, denn er kommt im ganzen Körper in größter Menge vor. Man gewinnt ihn aus Knochen, Sehnen, Knochenknorpeln, Zwischengelenkknorpeln, dem Corium, Zellgewebe, den serösen Häuten, der Tunica dartos rc.; indeß nicht völlig in jener Qualität, welche als Gelatin bestimmt würde, ist er im Körper selbst enthalten. Das Gelatin unterscheidet sich von andern Proteinverbindungen besonders dadurch, daß es mit Wasser in einiger Menge (bis zu 1 pCt. und weniger abwärts, Bostock) gekocht nach dem Erkalten gelatinirt; daher der Name. Aus der Lösung wird es durch Blutlaugensalz nicht gefällt. Chemischerseits läßt es sich als ein Zersetzungsproduct des Albumin betrachten(69); seine Bildung scheint der des Keratin ähnlich(5). — Was den physiologischen Hergang belangt, so ist er nicht ganz ermittelt. Daß es nicht fertig gebildet in's Blut geführt wird, wenigstens nicht nothwendig, ergibt sich daraus, daß das Kind sein Leimgewebe aus Milch bildet, welche Collagen nicht enthält. So ist es auch in Bezug auf die Pflanzenfresser, obschon hier der Genuß von Pflanzenleim seine Bildung vielleicht erklären könnte. Vauquelin und Fourcroy behaupteten, das Gelatin im Blute gefunden zu haben. Lecanu hat indeß das Vorkommen des Gelatin im Blut widerlegt. Vor Kurzem ward es jedoch von Bouchardat aus der Crusta pleuritica neben Albumin in einiger Menge dargestellt. Er zieht den Schluß, daß diese aus nichts Anderm, als diesen beiden Substanzen gebildet werde. Setzt man gelösten Leim zu frischem geschlagnem Blut, oder zu Serum, so bildet sich weder eine Faserhaut, noch ein Coagulum. Zu vermuthen ist jedenfalls, daß die Menge des Gelatin im Blut sehr gering ist, da die Umwandlung der Leimgebilde außerordentlich langsam geschieht. Sie nehmen in dieser Beziehung ganz die Stelle der Holzfaser ein, Dumas. Selbst frei an der Luft zersetzt sich das Leimgewebe nur langsam. Bei sehr wenig Luftzutritt fault es kaum je, selbst bei vorhandener Feuchtigkeit. Man hat Mammuthe gefunden, von denen alles Fleisch geschwunden war; das Gelatin der Knochen war indeß ganz unverändert. Die Knochenerde hat hierauf einen gewissen Einfluß. — Im Leim ist stets eine gewisse Menge Fett, Wasser und anorganische Substanz, besonders phosphorsaurer Kalk. Marchand erklärt letzteres für einen zufälligen Theil des Leims, der indeß „niemals fehle." Dazu kommt phosphorsaures Natron. Beide sind im flüssigen Leim löslich. Da das Leimgebende Knochenparenchym es ist, was den amorphen phosphorsauren Kalk der Knochen in bestimmter, fester Gestalt erhält, so ist leicht begreiflich, daß jede Veränderung dieser Substanz von der höchsten Wichtigkeit ist. Hierher gehört besonders die Osteopsathirose (Lobstein) und die Nekrose. Da weder der anorganische Gehalt des Knochens, noch das Parenchym, noch auch das Knochenfett Schwefel oder schwefelsaure Salze enthält, so muß man annehmen, daß der Schwefelwasserstoff des

Knocheneiters nicht vom Knochen selbst geliefert wird, sondern von dessen Umgebung oder vielmehr von dem ihn befeuchtenden Serum aus der Umgebung. Der eigentliche Grund der Osteopsathirose ist nicht bekannt, so interessant er auch wäre, da die Krankheit nicht zu den seltenen gehört, und namentlich beim Rindvieh unter Umständen, welche nicht näher bezeichnet sind, epidemisch vorkommt.

Die Galle.

Liebig hat das Verdienst, sowohl die Genesis als die Bedeutung der Galle für den Lebensprozeß nachgewiesen zu haben; er zeigte, daß die Galle vorzugsweise die Erzeugung der thierischen Wärme vermittelt. Man kann die Galle betrachten als eine Verbindung von Bilin ([19]), welches Choleinsäure als wenig verschiednen Stoff liefert, dazu Bilifellinsäure und Bilicholinsäure Cholinsäure; mit Natron, so daß sie eine Art Seife bildet, Cadet. Hierzu kommt noch Cholsterin (Gallenfett oder Cholin), Mucus und Pigment. Das Pikromel Gmelin's ist dem Bilin sehr nahe; das Gallenharz, die résine de bile der Franzosen, ist ein Zersetzungsprodukt und mit Demarçay's Choloidinsäure identisch; es besteht aus Cholsterin, Oleinsäure, Margarinsäure, Fett und drei Pigmenten ([20]). Auch kann man sich das Gallenharz componirt denken aus Fellinsäure, Cholinsäure und Dyslysin ([9]). Außerdem enthält die Galle noch eine gewisse Menge Eisen, bei verschiedenen Individuen etwas abweichend. Nach diesem richtet sich die Farbe der Haut, der Haare u. s. w. ([58]). Das Eisen hat den größten Einfluß auf die Farbe der Galle, wie man denn die Excremente bei Genuß von Eisen schwarz werden sieht. Die Hauptsubstanz der Galle, das Bilin, ist ein Zesetzungsprodukt des Protein. Bei einem sehr raschen Stoffwechsel, z. B. bei Fleischfressern, kann man annehmen, daß die Substanz ganz aus umgewandelten proteinhaltigen Organtheilen gebildet wird. Bei Pflanzenfressern und überhaupt da, wo der Umsatz der Organe träger ist, vertritt ein gewisser Antheil aus Fett oder Traubenzucker u. s. w. entstandener Stoffe die Stelle der stickstoffreien Choloidinsäure, welche nebst Taurin und Ammoniak die Choleinsäure bildet, und welche vermöge ihres großen Gehaltes an Kohlenstoff und Wasserstoff zu ihrer Bildung eine bedeutend größere Menge dieser Elemente bedarf, als aus dem umgesetzten Protein hervorgeht. Sie erhält dieselben aus dem Fett. Ueber die Möglichkeit eines solchen Eintritts einer stickstofffreien Substanz in die Zusammensetzung einer stickstoffhaltigen, mit Taurin und Ammoniak, herrscht besonders nach Keller's interessantem Experiment kein Zweifel.

Abgesehen davon, daß die Galle das genossene Fett bei Fleischfressern auflöst, wie Gmelin und Tiedemann zeigten, begleitet sie den Chylus in die Gefäße. Ehe dieß geschieht wird der Farbstoff entfernt; er wird wenigstens zum großen Theil mit den Excrementen fortgeführt. Hieran scheint die Einwirkung der Salzsäure mitzuwirken. Lehmann nimmt eine Zersetzung und Entfärbung des Farbstoffs in Folge der Berührung mit dem verschluckten Sauerstoff des Speiches an. Mehrere haben kleine Mengen des Farbstoffs im Blute gefunden, Vogel hält sein Vorkommen für normal, Andere sind anderer Ansicht. Allerdings wäre das Nichtfinden bei der nothwendig sehr kleinen Menge sehr begreiflich. Die Abscheidung der Galle geschieht in der Leber, ihre Bildung überall im Blute. Ueber den Antheil der Pfortader an der Gallenbildung kann man nicht im Zweifel sein, wenn man sich erinnert, daß Leute ohne Pfortader eben so gut Galle absondern, wie Andere, Willis. Interessant ist in dieser Beziehung das anatomische Factum, daß das Pfortaderblut, ehe es die Galle abscheidet, mit Arterienblut vermischt wird, Lambron. Man denkt hier unwillkührlich an eine Oxydation wie in der Lunge. Ist die Abscheidung der Galle durch den Ductus choledochus gehemmt, so tritt die Galle in großer Menge rückwärts durch die Lymphgefäße. Das anatomische Verhältniß macht dieß sehr leicht, Lambron. Da hier kein Farbstoff zerstört oder entfernt wird, so färbt er das Blut gelb, es entsteht Gelbsucht, sobald die Menge größer wird. Die Galle hat in den Gefäßen, als ein höchst oxydabler Stoff, die Bedeutung, die Einwirkung des Sauerstoffs auf die neu assimilirten Substanzen, zumal des Albumin und Fibrin, zu mäßigen, so daß diese nicht weiter zersetzt werden, sondern zur Restauration verwandt werden können; diese findet an den Orten des Verlustes durch die Metamorphose Statt. Dieser Verlust selbst wird wieder Galle. Besondere Bedeutung hat sie daher für die Vermehrung und Verminderung des Fibrin, in Uebereinstimmung mit dem, was oben bemerkt wurde.

Vermehrung. Sie findet sich in gewissen Fällen krankhafter Zustände, und setzt als Bedingung voraus, daß eine hinlängliche Menge Natron im Körper, daß ferner der Stoffwechsel sehr beschleunigt sey; daß die Verbrennung dieser Galle nicht hinreichend Statt finde und daß der Stofferſatz nicht in gleichem Verhältniß steht, sind die Bedingungen, welche für diese Abnormität üble Wirkungen begründen. Es ist nicht unwahrscheinlich, daß der Seeskorbut wesentlich in solchem Vorgange beruht. Auch bei dem indischen Gallenfieber ist höchst wahrscheinlich beschleunigter Stoffumsatz im Spiel; auffallend ist in dieser Beziehung das große Gelüste der Kranken nach sauren Getränken, Annesley. Eine andere Art von Hypercholie beruht auf dem Nichtverbranntwerden der gebildeten Galle. Man findet diesen Zustand besonders bei Athemstörungen. Jedenfalls ist der Farbstoff hier in Masse im Blut. So fand ich in mehreren Fällen von Pneumonia duplex das Serum völlig hochgelb, und in ihm eine auffallende Menge Farbstoff. Eine Verschließung des Ductus choledochus war hier aus keinem Grunde anzunehmen. Die Excremente waren braun. Stoll und M. Solon erwähnen gallenhaltige Sputa, welche in „gewissen Pneumonien" vorkommen. Ferrus erwähnt einen Fall von Pneumonia duplex, wo bedeutende Gelbsucht eintrat, während sonst keine Störung zu bemerken war. Die Leber fand sich fett und voll Blut. Auch im Urin ist die Galle bei Störungen der Respiration nachweisbar ([5]). Daß die Gelbsuchten auf bloßem Rücktritt angehäufter Galle beruhen, ist in dieser Allgemeinheit indeß nicht anzunehmen. Nicht zu große Mengen Galle werden im Blut ganz ohne Spur von Gelbsucht ertragen; so injicirte Magendie einem Hund 7 Gramm Galle in die Venen; das Thier starb, ohne selbst die Farbe der Sclerotica geändert zu haben. Auch fand sich sonst kein Gewebe gefärbt. Die Menge muß also schon bedeutend sein. Man findet Gelbsucht oft, wo ein Rücktritt der Galle wenigstens aus Verschluß der Gallengänge, nicht abzuleiten ist. Denn in gewissen Fällen von Gelbsucht findet man den ganzen Darmkanal und die Fäces mit Galle gefärbt, zum deutlichen Beweis, daß die Ductus die Galle durchließen. So sind beim Icterus neonatrum die Excremente grasgrün ([10]).

Was die Minderung der Galle betrifft, so hat sie einen sehr üblen Einfluß. Es wirft sich nämlich alsdann der Sauerstoff auf andere Stoffe, als auf jene, welche dem Organismus bereits gedient haben, eben weil Mangel an solchen ist. So wird z. B. eine größere Menge Fibrin gebildet, als verbraucht werden kann; die Metamorphose des bereits assimilirten aber ist gehemmt; Scrophulosis. Bei Status beliosus kommt die Tuberculose nicht vor ([10]). Nach der aufgestellten Theorie über die Bildung des Fibrin ist dieß vollkommen klar. In südlichen Gegenden, wo der gallige Charakter vorherrscht, in Aegypten, in Madera (Renton) ist die Tuberculose nicht heimisch. Die stickstofffreie Nahrung in jenen Ländern bietet Ableitungsmittel des Sauerstoffs in Menge.

Der Grund des Mangels an Galle liegt zunächst im Mangel eines der Hauptstoffe derselben. Wir können von diesem Gesichtspunkte aus annehmen einen stickstoffhaltigen Theil; dieser fehlt nicht im Organismus, er ist in den Organen; es bedarf nur des Natrons, um ihn passend zu formiren. Der andere Theil ist eine stickstofffreie Substanz; sie wird durch Fett und Amylacea geliefert. Es wird somit begreiflich, warum die Engländer in Ostindien, die wenig Bewegung (Stoffwechsel) haben und viel Fleisch essen, keine normale Galle bilden können, warum sie Leberleiden bekommen; es begreift sich, warum Leute, die wenig Salz essen, fett werden, da hier kein Natron geliefert wird, um mit dem Fett in die Bildung von Galle einzugehen.

Alteration der Galle. Die Galle ist außerordentlich häufig verändert, und es ist nicht zu bezweifeln, daß eine genaue Bekanntschaft mit diesen Veränderungen zu den wichtigsten Rückschlüssen über die Natur gewisser Krankheiten Veranlassung geben wird. Bis jetzt sind indeß die Angaben völlig fragmentarisch. Besonders auffallend ist die Veränderung, welche man bei allen typhösen Fiebern findet, Louis. Ferner bei Phthisis pulmonalis (Louis). Sie gleicht hier dem Syrup. Selbst Fett hat man bei Phthisis an ihrer Stelle gefunden (22). In andern Fällen, besonders bei Cirrhose der Leber, fand man sie bisweilen farblos, eiweißartig (23), und sehr gering. Man kann indeß nicht annehmen, daß die Leber an diesen Formen Schuld trage; sie hat so wenig Theil an der Bildung der Galle, wie die Lunge an der Bildung der Kohlensäure, welche sie secernirt. In der That finden wir oft bei bedeutender Entartung der Leber die Galle vollkommen normal; so häufig bei Leberkrebsen und Abscessen (23). Daß die Leber keine wesentlichen Aenderungen in der Galle erzeugt, beweist der Umstand, daß bei der „fetten Leber" die Galle bald völlig unverändert (40), bald aber albuminös (22), mitunter in sehr hohem Grade (39), gefunden wird. Man kann viel eher annehmen, daß die Zustände der Galle (des Bluts) jene Aenderung der Leber veranlassen. Thénard behauptet zwar, der Gallenstoff werde dem Albumin um so ähnlicher, als die Leber fetthaltiger entartet sei; es beweist dieß aber nicht, wie er glaubt, daß Eines Folge des Andern sei. Beides ist begründet durch ein Drittes, durch Mangel an Alkali, die Menge der Galle nimmt hier zu gleicher Zeit ab; bei sehr Fetten ist die Gallenblase klein (Heim). Einen indirecten, aber nicht minder bestimmten Beweis für die großen Abnormitäten, deren die Galle fähig ist, liefern die Versuche mit krankhafter Galle an Thieren. Pestgalle injicirt, erregte Pest; verschluckt wurde sie ohne Nachtheil von Hunden ertragen, Déidier; während Galle von Gesunden, bei Pneumonie, Hirnentzündung, fast ohne allen Effekt war. Unter vielen Hunden starb deren nur ein einziger. Galle bei Intermittens zeigte sich als ein tödtliches Gift, als man sie Vögeln injicirte oder sie selbige verschlucken ließ (Mascagni). Indeß kommt hier auch viel auf die Stelle der Vergiftung an. So z. B. zeigte sich das Gallenharz vom Ochsen, auf Mukosen, Hautwunden und Canäle gebracht, ohne Schaden; dieselbe Substanz auf Serosen applicirt, wirkte tödtlich, Emmert. Daß hieran die Schnelligkeit der Aufsaugung schuld ist, darf vielleicht angenommen werden. Bemerkenswerth ist in dieser Beziehung, daß die Galle in ihrer Integrität sehr schnell vom Peritonäum aufgesaugt wird (Dupuytren). — Schon das Gewicht der Galle deutet auf die größten Aenderungen hin; so fand bei Cholera die Galle sich 104 statt 102 schwer ([41], [30]) — Die Bedingungen der verschiedenen Alterationen der Galle sind zum Theil unbekannt. Gewiß ist, daß der Natrongehalt des Blutes, sowie die Sauerstoffzufuhr den allergrößten Einfluß darauf haben. Daß sie von der sonstigen Nahrungsweise weniger abhängig ist, beweist der Umstand, daß auch bei Verhungerten die Galle normal bleibt; wenigstens ist dieß wahrscheinlich. — Was das Meconium betrifft, so ist es nach Donné reine Galle. Indeß hat sein Versuch offenbar nur die Anwesenheit von Gallenfarbstoff gezeigt. Es ist nicht unwahrscheinlich, daß das Meconium Choloidinsäure ist. — Eine eigenthümliche Veränderung der Galle findet man bei Icterus neonatorum. Die Ductus Bellini der Nieren sind erfüllt mit einer gelblichen Flüssigkeit, welche in Wasser und Alkohol unlösliches Pulver enthält, Billard, Cleß.

Was die Cholelithen oder Gallensteine betrifft, so sind sie eine sehr häufige und gewöhnlich unbedeutende Erscheinung, welche dem Träger derselben meist völlig verborgen bleibt. Ja Heberden schreibt sie den meisten Menschen über 40 Jahren zu. Sie bestehen größtentheils aus Gallenfarbstoff und dem schwerlöslichen Cholsterin. Wenn es gewiß ist, daß bei langem Fasten, bei langer Leere des Magens die Gallenblase mit Galle erfüllt wird, so ist nichts so nahe liegend, als anzunehmen, daß diese Stagnation der Galle, welche offenbar die Resorption eines Theils der Flüssigkeit begünstigen muß, die Bildung von Gallensteinen wesentlich begünstigt. Vielleicht ist dieser mechanische Grund der wichtigste ihres Entstehens. Alle Beobachtungen stimmen hiermit überein. Niemand ist häufiger den Gallensteinen unterworfen, als Leute, welche nur ein oder zwei Mal täglich essen, welche selten und wenig trinken; Carmichael. Sömmering behauptet, daß man ihre Bildung durch häufiges Gehen verhüten kann. Denkt man sich den Antheil der Bauchmuskeln an dieser Bewegung, so ist der Mechanismus dieser Hülfe leicht einzusehen. Niemand daher leidet mehr an Gallensteinen, als das weibliche Geschlecht. Die Cholsterine direct anlangend, so bedarf sie zu ihrer Lösung einer gewissen Quantität Galle oder eine sonstige Seife (vgl. R. Wagner); Abnahme des Natron, als des verseifenden Mittels, muß sie daher zur Präcipitation bringen. Sie bildet einen递Haupttheil der meisten Gallensteine ([39]), und kommt auch sonst, z. B. in Ovarialkysten, öfter vor. — Ein besonderer Einfluß der Nahrungsweise auf die Bildung dieser Concretionen ist nicht nachgewiesen. Namentlich läugnet Sömmering, daß auf Fettgenuß sie sich bilden. Es ist dieß sehr glaublich, da solches zu Seifen verwandelt und zu Lösungsmitteln des Cholins sowohl, als des Farbstoffs ([39]) wird, — unter Voraussetzung hinreichenden Alkali's im Blute. Ein directer Einfluß des Salzgenusses läßt sich nicht annehmen; denn weder das Gallenfett, noch der Farbstoff sind verseifbar.

Interessant ist die ziemlich verbreitete Ansicht, daß die Gallensteine oft von Nierensteinen gefolgt würden. Wenn man bedenkt, wie nahe die zwei Secretionen in ihren Bedingungen verwandt sind, so ist der Causalnexus nicht fern liegend.

Anmerkung.

Hieran schließen sich die Milchsäure und der Milchzucker und Traubenzucker, Substanzen, welche bloß als Hydratstufen verschieden sind, und, an der Bildung von Galle Theil nehmend, ebenfalls verbrannt werden. Die Milchsäure scheint außerdem außerhalb der Gefäße, wo sie nicht alsbald verbrannt wird, im Parenchym der Organe, wo sie nicht fehlt ([10]), zur Präcipitation des Fibrin bei der Assimilation zu dienen. Sie wird gebildet aus dem Milchzucker und Traubenzucker; durch bloße Berührung mit Laab, oder der menschlichen Magenschleimhaut, wird der Milchzucker in Milchsäure umgewandelt. Der Ursprung des Traubenzuckers ist daher zu leiten, daß die Amylacea durch Behandlung mit Säuren, wie z. B. im Magen, in Traubenzucker übergeführt werden, ohne daß, wie auch dort, ein Stoff außer Wasser dazu oder davon käme. Es halten sich in dieser Beziehung im Normalzustand Magensäure und Pepsin (als die Diastase) das Gleichgewicht. Man darf annehmen, daß ins Blut ein großer Theil Milchsäure und ein kleiner Theil Traubenzucker aufgenommen wird, welcher letztere nach und nach weitere Formen (Fett) annimmt. Daß es ein gewisses Maaß giebt, welches höchstens in Milchsäure umgewandelt werden kann, ist a priori anzunehmen. v. Bibra fand, daß nach Genuß von sehr viel Zucker dieser sich im Blut nachweisen ließ. Es scheint, daß die Milchsäure, in Verbindung mit Natron, oxydabler ist, als der Traubenzucker. -- Wird eine große Menge solchen Zuckers ins Blut geführt, so zeigt sich das Phönomen der Zuckerharnruhr. Wir finden, seltene Fälle abgerechnet, hier stets Tuberkulose und Phthise folgen; so daß Copland und Bardsley dieß als wesentlich für die Krankheit betrachten. Wenn der Sauerstoff auf die Verwandlung des Albumin in Fibrin Einfluß hat, wenn die Milchsäure fähig ist, diesen Einfluß zu lindern, indem sie sich zu Kohlensäure oxydirt, so begreift sich leicht, wie hier Fibrindeposita zu Stande kommen. Merkwürdig scheint mir ein Fall, welchen ich beobachtete, wo sich zuletzt Pneumonie entwickelte und den Kranken in 18! Stunden hinraffte. Von dem Moment ihres Auftretens an, war keine Spur von Zucker mehr zu entdecken. Nach dem Tode fand sich kein Zucker, nicht im Magen, noch in den Nieren. — Die Bildung des Milchzuckers steht in innigster Beziehung zu der des Fettes, beide scheinen sich gegenüber zu stehen, das Eine das Andere auszuschließen. Man hat leider die Bedingung der Ueberführung nicht gefunden. Liebig's Erklärung der Wachsbildung aus Zucker ist in dieser Beziehnng bemerkenswerth. Derartige Metamorphosen sind mit einem Austreten von Sauerstoff verknüpft. Zu vermuthen ist, daß es abermals das Alkali [als Gallen- (Diastasen-) Bilder] sein wird, was den Uebergang des Zukkers wie des Fettes in andere Formen vermittelt.

Die Milchsäure, an Natron gebunden im Blut, wird durch die Oxydation in Kohlensäure verwandelt; diese wird durch eine neue Quantität Milchsäure vom Natron getrennt, Dumas. Die Bildung der Milchsäure wird im Magen durch die Einwirkung von Diastase vermittelt, von einem stickstoffhaltigen Körper, welcher sich in Zersetzung befindet. Es ist begreiflich, daß bei großer körperlicher Anstrengung, überhaupt überall da, wo rascherer Stoffwechsel Statt findet, solche Diastase in Menge vorhanden ist. Man kann wohl die Galle, den Mukus rc. als solche bezeichnen. Die Erfahrung hat diese Ansicht bestätigt. Im Dünndarm findet sich stets Milchsäure ([10]) bei Gesunden. Es versteht sich von selbst, daß dieß nur bei hinlänglichem Vorrath an stickstofffreien Substanzen, Amylon, Zucker, Fett, möglich ist. Nichts spricht weiterhin dagegen, daß die Umwandlung, welche man durch die Magenschleimhaut beobachtet hat, nicht eben so gut im Blute Statt finden könnte, in Bezug auf die bereits dort befindlichen Stoffe. — Eine solche Raschheit des Stoffwechsels, wenigstens in Bezug auf die Magenschleimhaut — eine Verschleimung — müssen wir annehmen bei einer Reihe von Krankheiten, welche man als rhachitische und osteomalacische charakterisirt hat. In diesen Fällen findet eine in hohem Grade excessive Bildung von Milchsäure Statt, so sehr, daß selbst das Blut sauer schmeckt! Lauer. Es ist begreiflich, daß die Säure den Salzgehalt auslaugen muß; man findet die Salze der Knochen, denen nur das Parenchym bleibt, im salzüberfüllten Urin ([23], [7]) wieder. — In Salzburg ißt man außerordentlich viel Sauerkraut. Die Rhachitis ist hier völlig endemisch ([48]). Sauerkraut ist nur sauer, weil es Milchsäure enthält. — Im directen Gegensatz hierzu steht ein anderes Leiden, welches auf einem Vorherrschen der Säure in den ersten Magen beruht; der Effect dieser Säure ist, nach Obigem, ein Uebermaß von Zuckerbildung. Alle Amylacea werden in Zucker verwandelt, und gehen aus Mangel an Diastase (Galle?) weder im Darm, noch alsbald im Blut, in Traubenzucker über. *Dabetes mellitus*, Zuckerharnruhr, heißt der Zustand, weil im Harn am auffallendsten dieser Ueberschuß von Zucker zu erkennen ist. Im gleichen Verhältniß nimmt die Milchsäure ab; frischer Harn enthält keine freie Milchsäure ([10], [7]). Schon im Blut ist dieser Zucker in gewisser Menge vorhanden; zumal nach dem Essen sehr bedeutend; Dobson fand das Blut süß schmeckend, Bouchardat stellte den Zucker direct dar. Die Säure in den ersten Wegen ist ein bekanntes Factum; der Speichel ist stark sauer und enthält Milchsäure ([10]). Wie arm der Körper an umgewandelten Proteinstoffen (Diastase) ist, beweist der Umstand, daß hier im Harn die durch Alkohol fällbare thierische Substanz (Thénard und Dupuytren) nicht gefunden wird ([8]). Wir verdanken Bouchardat's Untersuchungen eine Reihe von Daten, welche diese Ansicht auf eine unzweifelhafte Weise bestätigen. — Zuletzt erinnere ich noch an die heilsamen Wirkungen des Ammonium carbonicum, welche dieser Schriftsteller besonders hervorhebt, sowie an den bekannten Effect thierischer Nahrung. — Daß die Nieren hier nicht leidend sind, ergibt sich aus der Beobachtung. Ich fand zwei Fälle, an deren Section ich Theil nahm, ohne Veränderung der Nieren. Leider sieht man nur sehr selten Sectionen von Harnruhrkranken. Chomel erwähnt, daß er die Nieren nicht verändert gefunden habe. Die Läsionen, welche man in einigen Fällen beobachtet hat, können daher nicht wesentlich sein. — Die Erkenntniß dieses Zuckers im Harn anlangend, so geschieht sie am leichtesten durch den Geschmack. Kleine Quantitäten kann man auf folgende Weise prüfen. Man nimmt die etwas abgedampfte Lösung und setzt Kupfervitriol und Kalilauge dazu. Es entsteht bei Zuckergegenwart ein rother Niederschlag, der sich beim Erhitzen schwärzt; bei Anwesenheit von gewissen andern Substanzen ist er dagegen schwarz.

Fett. Die Fette haben nach dem Bemerkten im Körper eine große Wichtigkeit. Sie helfen zur Wärmeerzeugung beitragen, sie schützen das Albumin vor der Verwandlung in Fibrin. Ihre Entstehung aus Amylaceis ist ein bekanntes Factum, hierauf beruht die Mästung. Den chemischen Hergang hat Liebig trefflich veranschaulicht. Es geschieht durch ein einfaches Austreten von Sauerstoff aus dem Amylon oder Zucker. Welches aber die Bedingungen dieses Austretens von Sauerstoff sind, ist nicht klar. Vermuthlich hat die Galle in der Rolle einer Diastase hierauf den größten Einfluß. Diese ist aber bei Harnruhr nicht untersucht worden. Zu erwarten steht, daß man sie sehr fehlerhaft und natronarm finden wird. — Die Fette kommen im ganzen

Körper in großer Menge vor. Wir kennen kein Thier, welches kein Fett hätte. Man hat drei Arten unterschieden; die festen Fette, welche im Blut suspendirt vorkommen, zeichnen sich durch ihre Löslichkeit in heißem Alkohol aus; sie sind mittelst Albumin oder Fibrin aufgeschwemmt. Hierher gehört das Cholsterin, Cerebrin, Serolin. In besondrer Menge findet man sie in der Crusta inflammatoria ([14]). Eine zweite Reihe bilden die flüssigen Fette; hierher gehören Oleinsäure (Oelfett), Margarinsäure, flüssige Fettsäuren. Die dritte Reihe bilden die phosphorhaltigen Fette, welche in den Blutscheiben eingeschlossen ([19]) vorkommen, dann aber auch besonders im Gehirn gefunden werden. — Das Fett kommt abgelagert in lockern Zellen vor, gleichsam als vorräthiger Brennstoff. Man findet es völlig structurlos, da es in die Substanz eines Organs nicht eingeht. In den Knochen bildet es die Hauptmasse des Markes ([19]), und namentlich ist bei rhachitischen Kranken der Fettgehalt der Knochen auffallend vermehrt ([3]); ebenso bei Osteomalacischen ([11]). — Im Blut findet sich das Fett im normalen Zustand in einer Quantität von 2,0 — 2,5 pr. mille ([13]). Hiervon befindet sich die Hälfte im Serum ([13]). Seine Quantität scheint in beiden Blutarten nicht verschieden ([13]). In krankhaften Zuständen ist indessen das Fett bisweilen sehr vermehrt. So fand Lecanu in einem Serum 11; es kommen selbst noch größere Quantitäten vor. — Man sollte nach dem Obigen erwarten, daß die Menge des Fettes überall im Blut vermehrt sein wird, wo die Sauerstoffeinwirkung auf dasselbe gehemmt, oder die Zufuhr an Amylaceen am größten ist, oder aber das Umwandlungsmittel, das Alkali, abgeht. Specielle Angaben über das verschiedene Vorkommen der verschiedenen Fettarten sind nicht da. Man kann bei solcher Armuth an Mitteln nicht angeben, welche Bedingungen zu dem „milchigen Blut" führen. Daß es der Fettgehalt ist, welcher das weiße Ansehen des Serum erzeugt, wird nicht mehr bezweifelt. Dieser Fettgehalt kommt unter sehr verschiedenen Umständen vor; bald nach längerem Hungern, bald nach reichlicher Mahlzeit. — Daß die Milch des Weibes eine Quantität von 3 pCt. Fett (Butter) enthält, wurde schon oben berührt. Wichtig ist, daß dieser Gehalt bei längerem Verweilen in der Brust um einen großen Theil verringert wird; manche Säugende haben die Gewohnheit, unter solchen Umständen eine gewisse Quantität der ersten Milch wegzuschütten ([3]). Auch findet man in dem ersten Theil der Milch, welche von der Kuh gemolken wurde, viel weniger Butter als in dem letzten. — Besonders vermehrt sich der Buttergehalt bei Kühen auf den Genuß von Möhren und rothen Rüben ([3]). Ihr Gehalt an Amylon und Zucker möchte dieß hinreichend erklären. —

Was den Stoffwechsel überhaupt betrifft, so folgt er unter allen Umständen bestimmten Gesetzen, welche an äußere und innere Bedingungen geknüpft sind. Bei dem Kind ist der Stoffwechsel am langsamsten, im Mann am raschesten. Im Alter ist der Ersatz geringer und damit relativ auch der Stoffwechsel vermehrt. Krankhafter Weise nimmt der Stoffwechsel mitunter auf's Stärkste zu. Hierhin gehören die Fieber. In den höheren Formen, dem typhösen Fieber, ist derselbe beschleunigt, so sehr, daß alle Secretionen in hohem Grade saturirt erscheinen. Das rasche Zerfallen einer großen Masse von belebtem Stoff geht gleichen Schritt mit dem Fieber. Selbst im Blut findet eine Ueberladung mit verbrauchten Stoffen Statt, da die Secretionen aus einem nicht erklärten Grund nicht gleichmäßig thätiger sind, als für sie mehr Producte da sind. Vielleicht ist der Grund der, daß in einer bestimmten Zeit nicht Sauerstoff genug zugeführt werden kann, um dieses große Plus von zersetztem Stoff in Oxydationsproducte zu verwandeln; solche sind aber die meisten normalen Secretionen. Hierauf bezieht sich die Bedeutung „kritischer" Secretion. Die Kohlensäure, welche man zum großen Theil sich entstanden denken kann durch Zerfallen der Choleinsäure in Cholinsäure, Ammoniak, Kohlensäure und Wasser, wird in dreifach größrer Menge abgeschieden, (M. Gregor); die Entwicklung von Ammoniak ist so groß, daß für denselben nicht mehr Salz- und Milchsäure genug im Blut ist; man findet ihn frei im Blut ([50]); Bonnet fand selbst Schwefelammonium. Die Anwesenheit von freiem Ammoniak wird ferner dadurch evident, daß in dem Fäces phosphorsaure Ammoniak-

Magnesia vorkommt. Dieses Salz bildet sich aus der phosphorsauren Magnesia nur bei Vorhandensein von freiem Ammoniak. — Auch die Milchsäure ist bei allen fieberhaften Bewegungen merkbar vermehrt ([10]). Der Grund ist nach dem früher Bemerkten einleuchtend; um so mehr muß sie hier anwachsen, als der Sauerstoff relativ zu gering ist, um auch sie zu verbrennen. Die Fieber liefern ein Beispiel von einseitigem Stoffwechsel, d. h. von Stoffwechsel ohne Ersatz; es werden nicht die gewöhnlichen Zersetzungsproducte, welche unter dem hinreichenden Sauerstoffzutritt zu Stande kommen, gebildet, vielmehr Producte, bei denen offenbar ein Mangel an Sauerstoff bemerkbar ist. Es scheint, daß der zutretende Sauerstoff in diesen Krankheiten eben nur dient, einen oder den andern Stoff umzusetzen, daß aber alsdann vermöge dieses Zustandes von Umsetzung mehr oder weniger andre Stoffe veranlaßt werden, daran Theil zu nehmen. Im normalen Zustand findet diese Art von Verwesung, wenn man so sagen soll, in so geringem Maße und so langsam Statt, daß man sie nur aus wenigen Producten erkennen kann; sie wird neutralisirt durch den hinlänglichen Grad von Sauerstoffeinwirkung.

Was die letzte Ursache dieses geringen Widerstands der Lebenskraft gegen die Katalyse in Fiebern ist, kann man bis jetzt nicht feststellen. Zudem hat es therapeutisch keinen Werth. Practisch ist es wichtig, die Identität dieses Zerfallens mit der Verwesung zu etabliren. Ob sich die Lebenskraft im Normalzustand stofflicher Momente bedient, um solchem Zerfallen ihrer Träger (der Organe) entgegenzuwirken, ist nicht eruirt. Wahrscheinlich hat wieder der Salzgehalt den größten Einfluß. — Hieran schließen sich diejenigen Fieberkrankheiten, welche man als Exantheme bezeichnet. Sie sind nicht wesentlich verschieden und finden sich auch oft genug neben einander. Ihre ganze Verschiedenheit scheint in dem materiellen Substrat, welches sie zunächst ergriffen haben, zu beruhen. — Erinnern will ich noch an die Resultate der Behandlung des Typhus, welche so sehr zur Nachahmung auffordern. Ihre theoretische Bedeutung ist hier interessant: denn der gute Effect war constant. So denn der Alaun (Popper), die

Salzsäure, das Chlor (Labarraque, Fischer), die arsenige Säure (Boudin).

Die Entzündungen sind von den Fiebern in dieser Beziehung dadurch verschieden, daß bei ihnen keineswegs ein Zersetzen, Zerfallen der Stoffe Statt findet, daß vielmehr nur Producte gebildet werden aus dem noch nicht! organisirten Stoff, welche zur Organisation nicht tauglich sind, entweder ihrer Qualität, oder ihrer Masse nach. Sie haben daher mit den Fiebern keine Aehnlichkeit. Deutlich zeigt sich dieß z. B. an dem Verhalten des Fibrins, welches bei Entzündungen zu-, bei den Fiebern aber mit der Höhe abnimmt. Der Grund hiervon ist nach Erörtertem klar. — Die Rheumen und rheumatischen Exantheme (die sauren) anlangend, so scheinen sie zwischen den Entzündungen und katalytischen Krankheiten, den Fiebern, in der Mitte zu stehen. Vielleicht sind sie das, was Typhus für Proteinverbindungen ist, weniger für diese und mehr für die stickstofffreien Substanzen des Körpers. — Ihre Verwandtschaft mit den Entzündungen ist anerkannt. Es ist sehr schwer, eine Grenze zwischen ihnen anzugeben. Man kann den Rheumatismus vielleicht als ein locales Fieber bezeichnen und so charakterisiren: durch Einfluß der Kälte auf einen gewissen Theil wird der Stoffwechsel hier beschleunigt, die normalen Producte werden schneller geliefert, als in der Gesundheit, sie können nicht schnell oxydirt und ausgeführt werden, ein schwerlöslicher Theil bleibt, eben weil das Blutwasser nicht relativ sich vermehrt hat, ungelöst. Hierher gehört auf der einen Seite das Fibrin; auf der andern aber die Harnsäure, welche sehr viel Wasser bedarf. Sie werden beide, unverbrannt das letzte, unassimilirt das erste, abgelagert. Bei der Gicht verbindet sich die Harnsäure mit dem Natron des Serum, um Concretionen zu bilden; das Natron wird hier im Blute mehr oder weniger vermißt(42). Auch die lösliche Milchsäure scheint hier zu wirken. Wichtig ist die oft auffallend starke Säure des Schweißes bei Gicht (Quarin, Fr. Hoffmann). Die Folge dieser vorherrschenden Säure ist, daß nach längerer Dauer des Uebels die salzhaltigen Theile des Organismus, am auffallendsten die

Knochen, afficirt werden. Man findet in ihnen zwar die Leimsubstanz normal, selbst vermehrt ([15]); der phosphorsaure Kalk aber sowie die Kreide sind bedeutend vermindert ([15]). — Es übrigt indeß, in diesen Krankheiten die absolute Vermehrung jener zwei Säuren im Blut direct nachzuweisen. — Die Reaction des Bluts sowie des extravasirten Serums fand ich nie sauer; das vorkommende Exanthem dagegen findet man mehr oder weniger sauer, so bei Morbillen und anderen Formen, Simon. Dieser Autor will in einem Exanthem freie Essigsäure gefunden haben. — Es ist sehr möglich, daß diese Säuren es sind, besonders die ungelösten kleinen Krystalle von Harnsäure, welche die dem Rheumatismus eigenthümliche Angetis (Bouillaud) veranlaßt. —

Harnsäure und Harnstoff.

Es zweifelt heute Niemand mehr daran, daß die Harnsäure im Blut und nicht in den Nieren gebildet wird. In der That ist dieß auch schwer, wenn man bedenkt, daß bei Arthritis in den entferntesten Venen oft harnsäurehaltige Concretionen gefunden werden, daß der Schweiß in manchen Fällen hier ein Pulver fallen läßt, wovon Harnsäure ein wesentlicher Bestandtheil ist. Wenn man sie im Blute nicht direct nachgewiesen hat, so kann nur Jemand, der mit Reactionen völlig unbekannt ist, solche Aufgabe stellen wollen. Ihre Menge ist zu klein für die chemischen Agentien. Ihre Gegenwart würde auch in der That um nichts sicherer werden; denn gewiß ist gerade genug. Liebig hat auf eine ebenso einleuchtende als einfache Weise den chemischen Hergang bei der Bildung der Harnsäure dargestellt. Denkt man sich Protein mit 6 Atomen Wasser verbunden, zieht man davon die Choleinsäure und Ammoniak ab, so bleibt Harnsäure übrig. Diese selbst wird wieder durch bloße Oxydation in Oxalsäure oder Kohlensäure und Harnstoff zerlegt. Bedingung dazu ist eine hinreichende Menge Wasser, um sie zu lösen; eine genügende Menge Sauerstoff; die Gegenwart von alkalischen Salzen (Gallenseife), um die Löslichkeit und Verbrennlichkeit zu erhöhen. — Die Harnsäure kommt in ziemlicher Menge im Urin vor. Sie fällt daraus beim Stehen an der Luft nieder. Herausgenommen braust sie auf Zusatz von Salpetersäure auf und glüht sich roth; in heißem Urin ist sie nicht wieder löslich. Die Niere ist das Ausscheidungsorgan der genannten Harnsubstanzen, sie excernirt überhaupt bei weitem die größte Masse des Stickstoffs der Organe. Von der Beschaffenheit, von der Menge der Harnsubstanzen machen wir Rückschlüsse auf das Leben, die Metamorphose der Organe. — Daß die Harnsäure im Urin kaum jemal fehlt, selbst im diabetischen nicht (3), versteht sich von selbst. Bruecke hat sie selbst im Rinderharn aufgefunden. So lange Leben da ist, muß dessen materieller Ausdruck, die Metamorphose dasein, und diese hat einen ihrer Effecte in der Darstellung von Harnsäure. Gewöhnlich geht ihre Bildung Hand in Hand mit der von Ammoniak, man findet beide meistens in Verbindung. Der harnsaure Ammoniak fällt im kalten Urin zu Boden, löst sich aber bei 30° Ré. wieder auf. In einer großen Zahl von pathologischen Zuständen, z. B. im Sediment bei Arthritis, findet man ihn mit Harnsäure zugleich. Hier herrscht der harnsaure Ammoniak, im Rheumatismus die Harnsäure vor (Simon). Auch mit Natron verbunden kommt sie bisweilen vor (9). Die Menge der Harnsäure beträgt normal 0,7 bis 1 Theil auf 1000 Urin (10). — Wenn die erwähnte Theorie der Harnsäurebildung richtig ist, so erklärt sich daraus auf eine sehr einfache und darum schon wahrscheinliche Weise die auffallende Vermehrung der Harnsäure bei allen katalytischen Krankheiten. Wir sehen sie daher sowohl bei Typhus, als bei Scarlatine, Variole und Morbillen. Man hält ihr Erscheinen im Urin hier oft für kritisch, allein ohne Grund; denn es beweist nichts, als daß relativ noch nicht Sauerstoff genug zugeführt wird. Es deutet auf keine Weise an, wie lange dieser Vorgang noch dauern wird. Becquerel hat bestimmt nachgewiesen, daß sie in den genannten Fällen keinen Bezug zur Lösung der Krankheit hat, daß sie also ohne prognostischen Werth ist. — Auch bei Rheumatismus und Arthritis findet vermehrte Harnsäurebildung Statt, sichtbar im Urin (8, 10, alii). Warum die im Urin gelöste Harnsäure nach einiger Zeit niederfällt, ist nicht völlig ausgemacht. Da es nur an der Luft Statt zu finden scheint, so kann man an Kohlensäureeinwirkung denken. — Die Harnsäure bildet den Kern der bei weitem größten Zahl von Harnsteinen. — Da zwischen vermehrter Harnsäurebildung und dem Absatze von Steinen eine große Verschiedenheit ist, indem die erste keineswegs den letzten bedingt, so fragt sich, was die Ursache der Steinbildung ist. Vermehrte Bildung der Harnsäure scheint die Conditio sine qua non; allein warum in dem einen Falle dieselbe vollständig als Gries entleert wird, während sie im andern als wachsendes Concrement im Körper bleibt, ist damit nicht erklärt. Die längere Anwesenheit von Gries ist hierfür kein genügender Grund; es müßten sich unter solchen Umständen sonst stets Steine bilden, was nicht der Fall ist. Zudem würden Nierensteine nicht vorkommen, da in der Niere für die Zurückhaltung des Grieses kein mechanischer Grund Statt findet. Das vermittelnde Moment bei der Steinbildung ist offenbar die abnorme Secretion von Schleim; es wird derselbe in größerer Menge abgesondert, als durch den Harn alsbald weggespühlt werden kann. Dieser Schleim bildet das Parenchym der Steine. Die Ursache dieser Schleimvermehrung ist nicht bekannt. — Leroy d'Etiolles hat neuerdings ausgebreitete Versuche über die Lösung der harnsauren Steine durch Injection in die Blase angestellt. Positiven Erfolg hat seine Arbeit nicht gehabt. Da er auf mitunter sehr sonderbare Substanzen gekommen ist, so fragt man billig, warum er nicht Galle oder Seife versucht hat. Der Erfolg würde vermuthlich ein entgegengesetzter gewesen sein.

Der Harnstoff wird aus dem Urin dadurch dargestellt, daß man einige Tropfen eingedickten Urins auf ein Uhrglas bringt, mit etwas Salpetersäure versetzt, und verdunsten läßt (10). Auf diese Weise erkennt man an der eigenthümlichen Krystallform noch 1 pCt., also weniger, als normaliter vorhanden ist (1½ — 3 pCt. (9, 19). Die Krystalle sind weiße Blättchen, luftbeständig, schmecken sauer, sind im Wasser und Alkohol leicht löslich, und röthen Lacmus (10). Der Harnstoff scheint im Urin fast ganz an Milchsäure gebunden zu sein; nach Cap und Henry vollkommen. Die Entstehung des Harnstoffs kann man sich auf mehrere

Weisen möglich denken. Die gewöhnlich im Körper vorkommende ist wohl die oben erwähnte durch Oxydation der Harnsäure; diese zerfällt dadurch in Harnstoff und in Kohlenstoffhydrat. Indeß kann der Harnstoff wohl auch durch die Verbindung von Cholinsäure, Ammoniak und Kohlensäure gebildet werden. Diese oder eine ähnliche Erzeugungsweise scheint unter gewissen Umständen vorzuherrschen; letztere vielleicht mehr da, wo nicht völlige Oxydation, sondern Verwesung Statt findet.

Man findet bei Menschen, welche viel Wasser trinken, und viel Bewegung in der Luft haben, keine Harnsäure, noch weniger Concretionen von diesem Stoffe. Findet die Bildung des Harnstoffs nicht hinlänglich Statt, so entsteht die oben berührte Arthritis; die Harnsäure fällt unverändert hier und da nieder. Wir finden arthritische Concremente ganz gewöhnlich bei Fleischfressern in den Menagerien (10), welchen ihr beständiges Hin- und Herrennen im Käfich ein unzureichendes Auskunftsmittel für ihr weites Schweifen und Jagen im Zustand der Freiheit gewährt. In den Tropen, wo wegen des langsamern Stoffwechsels die Nahrung fast nur aus Amylaceen besteht, ist die Lithiasis, die Arthritis unbekannt. Daß der Wein, welcher vermöge seines Gehalts an Alkohol und Säure eine große Neigung hat, den eingeathmeten Sauerstoff zu binden und mit ihm zu Essig- und Kohlensäure zu werden, Arthritikern schädlich ist, weiß Jeder. Die Verhütung der Bildung von Harnstoff aus Harnsäure ist so sicher, daß man nach Belieben im eigenen Urin Harnsäure bilden kann. Eine gewisse Menge Wein, Champagner, Kaffee ist ein sicheres Mittel hierzu (3). So hat Prout auf Fettgenuß stets eine auffallende Zunahme von Harnsäure im Urin bemerkt. Hierher gehört noch, daß fleischfressende Thiere, die wenig Fett genießen, fast ausschließlich Harnstoff statt Harnsäure liefern; während pflanzenfressende Vögel, wie die Gänse, einen an Harnsäure sehr reichen Urin haben. Eine größere Menge von Fleischnahrung kann nur dann Harnsäurebildung zur Folge haben, wenn auf der einen Seite wenig Sauerstoffaufnahme (Bewegung) Statt hat, auf der andern Seite aber dadurch, daß nicht Kohlenhydrate genug im

Körper sind, um mit einem gewissen Theil zerfallenen Proteins Galle zu bilden. Diese Quantität Protein wird der Niere also weniger metamorphosirt zukommen, als bei normaler Gallenconstitution. Man sieht hieraus, wie nahe in dieser Beziehung Nieren und Leber stehen. — So sehr die Aufnahme von Proteinverbindungen in der Nahrung die Menge des Harnstoffs zu vermehren vermag, so folgt doch aus dem bereits Bemerkten, daß man ihn selbst bei Hungernden nicht vermißt (66). Lehmann fand nach dreitägigem Genuß von nichts als Zucker noch 1/3 der frühern Menge; zugleich aber hatte sich eine große Menge milchsauren Ammoniaks gebildet. Dieser Ammoniak kann ebenfalls nur vom Protein der Organe hergekommen sein. — Daß der Harnstoff unter gewöhnlichen Verhältnissen nicht im Blut nachweisbar ist, begreift sich sehr leicht. Zunächst ist gewiß, daß von dem kleinen Theil Harnstoff, der jeden Augenblick erzeugt wird, nach einer sehr kurzen Zeit nichts mehr im Blut ist; denn die Secretion der Niere ist eine fortwährende. Rechnet man auf einen Mann von 180 Kilogr. 6 Kilogr. Blut (E. Weber und Lehmann), so kommt, da derselbe in 24 Stunden 32 Gran Harnstoff entleert, auf jede Stunde, wenn das Blut nur stündlich des Harnstoffs sich entledigte, 1,363 Gran Harnstoff, d. h. 0,0227 pCt. des ganzen Bluts. Man kann dieß nicht nachweisen wollen, da selbst von Einem Gran Harnstoff in 200 Serum nur noch 0,2 Gran aufgefunden werden konnten, Marchand (10). — Die Milchsäure, mit welcher der Harnstoff vorkommt, zeigt zu dem letztern kein stabiles Verhältniß (10), da ihre Menge sich sehr nach der Nahrungsweise richtet. Wenigstens erlaubt die freie Milchsäure durchaus keinen Schluß. Ihre Menge ist stets bedeutend. Selbst bei Fleischfressern, bei Menschen nach ausschließlichem Genuß von Fleischkost, ist sie noch in merklicher Quantität vorhanden. Man muß annehmen, daß es das Fett ist, woraus sie hier sich bildet. —

Unter den Kohlenhydraten, welche in der Metamorphose des Proteins sich bilden, steht die Oxalsäure als das interessanteste voran. Ihre Bildung geht gleichen Schritt mit der Nichtbildung von Harnstoff; sie beruht, wie die des Harnstoffs, auf Oxydationsverhältnissen. Sie wird durch Oxydation zu Kohlensäure. — Wir finden oxalsaure Steine demgemäß entweder neben den harnsauren, oder abwechselnd mit ihnen Lage um Lage, je nachdem Amylacea oder Animalia in größerer Menge genossen worden sind. Diese Erfahrung macht man oft in Frankreich, wo die Steinbehafteten auf ihren Sommerresidenzen mit Vegetabilien sich behelfen müssen, während dem Engländer unter gleichen Umständen sein Beef überall hin folgt. Dieser hat daher nur harnsaure Steine. Man hat die Schuld ersterer Concretionen auf den Genuß von Sauerampfer geschoben. Dieser ist indeß sehr unschuldig dabei. — Die bemerkte Bildung der Oxalsäure ist außer allem Zweifel; sie ist so sicher, daß man durch Weine, welche Pflanzensäuren enthalten, namentlich Champagner, welcher noch desoxydirender wirkt, zu jeder Zeit im eigenen Urin Oxalsäure erzeugen kann. Donné pflegt sie auf diese Weise für seine mikroskropischen Vorträge darzustellen. — Es darf diesemnach angenommen werden, daß die desoxydirenden Pflanzenstoffe die Bildung von Oxalsäure, während die desoxydirenden Thierstoffe, Fett, die der Harnsäure vorzugsweise begünstigen; man ißt ja das Fett nicht ohne Fleisch.

Die Nachweisung der Oxalsäure, welche in Verbindung mit Kalk zu erscheinen pflegt, ist einfach. Sie bildet ein in Salpetersäure ohne Aufbrausen lösliches Harnsediment, gibt verdampft (auf Platinblech) keine Purpurfarbe, wird geglüht (auf Porzellan) vorübergehend schwarz, dann wieder weiß, und braust dann auf Zusatz von Säuren auf; es ist kohlensaurer Kalk geworden ([9]). Schneller erkennt man den oxalsauren Kalk unter dem Mikroskop; er bildet sehr scharfe, durchsichtige, in Wasser unlösliche Würfel.

Wir haben gesehen, wie die Quantität der Harnsäure und des Harnstoffs im Urin die Regsamkeit, die Qualität der Metamorphose ausdrücken. Bei Männern im mittleren Alter ist die Menge des Harnstoffs am größten, bei Weibern, bei Kindern und Greisen am geringsten. Dort, weil der Stoffverbrauch weit größer ist, hier, weil die Assimilation vorherrscht, beim Greis darniederliegt; es gehen hier die Proteinverbindungen großen Theils unbenutzt durch den Darm.

Aus der angedeuteten Bildungsweise dieser Substanzen ergiebt sich von selbst, in welch nahem Bezug die Nierensecretion mit der andern Hauptsecretion, der Galle, stehen müsse. In der That zeigt die vergleichende Anatomie schon diesen Bezug auf eine deutliche Weise. Bei den Reptilien haben venæ portarum und renales externæ gleichen Ursprung; denn die venæ crurales, von denen sie kommen, und die venæ umbilicales, welche die Pfortader mit Zweigen versehen, anastomosiren. Versuche haben bewiesen, daß Jacobson mit Recht den äußern Nierenvenen die Lieferung des Urins zuschrieb. Martino.

Allein man hat directe Beweise geliefert. Bei Exstirpation beider Nieren fand sich ungeheure Vermehrung der Gallensecretion!, Magen und Eingeweide erfüllt davon; Harnstoff in großer Masse im Blut. Prevost und Dumas und Andere. Marchand beobachtete das Letztere bei einem Hund, dem er die Nierenarterien unterbunden hatte.

Hierher gehört auch die Erfahrung, daß die „rosige Säure", welche der Harnsäure adhärirt, sich bei Leberstörungen sehr vermehrt zeigt. Bei alten Leberleiden findet man stets das Sedimentum lateritium. Es ist bisweilen roth wie Siegellack.

Benutzt sind die Untersuchungen von:

1) Becquerel.
2) Guevenne.
3) Donné.
4) Andral und Gavarret.
5) Liebig.
6) Lehmann und Messerschmidt.
7) v. Bibra.
8) Julius Vogel.
9) Fr. Simon.
10) Lehmann.
11) Joh. Müller.
12) Verf.
13) Nasse.
14) Hünefeld.
15) Marchand.
16) Lecanu.
17) Schröder van der Kolk.
18) Magendie.
19) Berzelius.
20) Chevreul.
21) Bouchardat.
22) Andral.
23) Chomel.
24) Christison.
25) Boudet.
26) Orfila.

[27]) Marshal Hall.
[28]) Rayer.
[29]) Rees.
[30]) Hermann.
[31]) Oshaughnessy.
[32]) Copland.
[33]) Martin Solon.
[34]) Gregory.
[35]) Prösch.
[36]) Gmelin und Tiedemann.
[37]) Louis.
[38]) Rostan.
[39]) Thénard.
[40]) Delaberge und Monneret.
[41]) John.
[42]) Turck.
[43]) Wöhler.
[44]) Nysten.
[45]) Prout.
[46]) Bostock.
[47]) Scherer.
[48]) Kemp.
[49]) Reid und Clanny.
[50]) Denis.
[51]) Bonnet.
[52]) Fremy.
[53]) Dumas und Prevost.
[54]) Facen.
[55]) R. Williams.
[56]) Berthold.
[57]) Hatin.
[58]) Schultz.
[59]) Mulder.
[60]) Schwenninger.
[61]) Schübler.
[62]) Thomson.
[63]) Muschenbroeck.
[64]) Henry.
[65]) Heronymi.
[66]) Lassaigne.
[67]) Marcet.
[68]) Rullier.
[69]) Wienholdt.
[70]) Haller.
[71]) Playfair.
[72]) Gendrin.
[73]) R. Wagner.

Gießen, gedruckt bei Carl Lichtenberger.

Verhalten der Blutbestandtheile
in quantitativer Beziehung.

…umin	Fibrin	Blutscheiben	Leim	Alkalien und Salze	Fette	Wasser	spec. Gewicht	Zustand
7% …, [16])	0,2 — 0,4% ([50])	11 — 13% ([16])	unbestimmt ([21])	Asche = 4,42% ([71]) davon Chlorsalze 4 phosphors. Kalk 0,17 % ([16])	2,0 — 2,5 p.M.([13], [9])	77%	1025 — 1030([13])	Normales Verhalten bei Erwachsenen.
…, [10]) - ([10])	wie 24 zu 25 ([50])	wechselnd ([9])		Menge nicht verschieden ([13])		+	— ([72])	venös arteriell
[8])	— ([58])	? — ([58])		Alkalien + ([58])		80% ([58])	?	Pfortader
	—	+ ([16])			—	— ([16])		Foetus
…g verschieden [6])		— ([13])				+ ([13])	— ([13])	Kindheit
	nicht — ([13])	— ([50])				+ ([4])		Alter
?	+ ([4], [23])	— ([4], [16])				+ ([13])	—	Schwangerschaft
	+ ([4], [8])	+ ([4], [8])				— ([8], [4])		Plethora
		+ ([10], [4]),				— ([16])	+ ([13])	Constitution robust
…g verschieden [6])	— relativ ([4])	+ ([4])				— ([16], [4])		Constitution sanguinisch
	?	— ([4])				+ ([16])		Constitution lymphatisch
		— ([4])						Constitution nervös
	+ relativ ([4])	— ([4])				+ ([13], [22])		Anhaemie
…nal ([4])	— ([4])	! — ([4], [8])		— ([9])		+([13], [8], [22])		Chlorose
…[24], [4], …, [9])	nie —, oft + ([28], [9])	— ([9])		— ([24])	+ ([24])	+ ([28], [9], [13], [4])	— ([13], [34])	Morb. Bright.
…[9])	— ([21], [10])				Zucker autt.	+ ([21], [13])		Diabet. mellit.
	+ relativ oder absolut ([13])	— ([4])		einige Salze relativ — ([14])	+ relativ ([14])		— ([13], [3])	faserhäutiges Blut
…eilen - ([4])	+ ([4])	— ([4], [9])	+ ([21]) bei E. der Membranen	— bsond. Chlornatrium ([9])		+ ([4])		Entzündung
	+	— ([4])	+ ([21])					Rheumatism. acut. artic.
	+ ([57])	— ([4], [16]) helle Haare		— ([9])		+ ([22])		Scrophulosis.
…[4], [13])	spätere Zeit + ([13], [4])	— ([4], [49], [9])			+	+ ([13], [4])		Phthis. tuberculosa Pulmon.
	— gewöhnlich ([22])	verschieden ([4])						Fieber
…[4])	zuletzt — ([4])	— ([16], [4])		— ([9]). Ammoniak ([50])				Typhus ataxische Periode
…, [8])	+ ([8])	+ absolut ([8])		— ([28])	+	—	+ ([82])	Cholera asiat.
…[4], [13])	sehr spät erst — ([4])	! — ([4], [13])		? — ([33])	+ ([13])	+ ([4], [13])	— ([3], [13])	nach wiederholten Aderlässen.

FSC
www.fsc.org
MIX
Papier | Fördert gute Waldnutzung
FSC® C083411

Kolibri 360 GmbH
Ferdinand-Jühlke-Straße 7
99095 Erfurt, Deutschland
produktsicherheit@kolibri360.de